人生不止一种选择

［澳］凯特·克里斯蒂 著
（Kate Christie）
甘斌 译

中信出版集团｜北京

图书在版编目（CIP）数据

人生不止一种选择 /（澳）凯特·克里斯蒂著；甘斌译 . -- 北京：中信出版社，2024.8
书名原文：The Life List: Master Every Moment and Live an Audacious Life
ISBN 978-7-5217-6649-3

Ⅰ.①人… Ⅱ.①凯…②甘… Ⅲ.①人生哲学－通俗读物 Ⅳ.① B821-49

中国国家版本馆 CIP 数据核字 (2024) 第 107153 号

The Life List by Kate Christie
ISBN 978-1-394-18451-4
Copyright © 2023 by Kate Christie
All rights reserved.
Authorized translation from the English language edition published by John Wiley & Sons Limited.
Responsibility for the accuracy of the translation rests solely with China CITIC Press Corporation and is not the responsibility of John & Sons Limited.
No part of this book may be reproduced in any form without the written permission of the original copyright holder, John Wiley & Sons Limited.
Copies of this book sold without a Wiley sticker on the cover are unauthorized and illegal.
Simplified Chinese translation copyright © 2024 by CITIC Press Corporation.
All rights reserved.
本书仅限中国大陆地区发行销售

人生不止一种选择
著者： ［澳］凯特·克里斯蒂
译者： 甘斌
出版发行：中信出版集团股份有限公司
（北京市朝阳区东三环北路 27 号嘉铭中心　邮编 100020）
承印者： 北京通州皇家印刷厂

开本：880mm×1230mm 1/32　印张：8　　　字数：175 千字
版次：2024 年 8 月第 1 版　　　　印次：2024 年 8 月第 1 次印刷
京权图字：01-2024-3663　　　书号：ISBN 978-7-5217-6649-3
　　　　　　　　　　　　　　　定价：59.00 元

版权所有·侵权必究
如有印刷、装订问题，本公司负责调换。
服务热线：400-600-8099
投稿邮箱：author@citicpub.com

目录

译者序　生命相融，人生向暖　　III
序言　活在当下，热烈且自由　　VII

第一章
现在，为自己活一次

人生苦短	008
与命运和解，再出发	015
活出你想要的样子	018
从今天开始迈出第一步	021
设计属于你的人生清单	024

第二章
人生清单框架

目标设定的基本准则	035
第1步：人生清单准则	038
第2步：人生清单七部曲	041
第3步：人生清单包含的三类目标	044
让这一切发生	048

第三章

"把握当下" 框架

第1步：思考当下 | 055

第2步：积蓄动能 | 085

第3步：到达里程碑 | 105

时机已到 | 116

第四章

我的人生清单

致谢 | 240

译者序
生命相融，人生向暖

一帆把《人生不止一种选择》推荐给我时说，这是一本写给50岁女性的书。然而，开启阅读后你会发现，它的魅力远超于此，是一本值得所有年龄女性早早阅读的书。

50岁，人生重要的里程碑，危机与生机的转折，半百人生的沉淀。凯特·克里斯蒂是一名优秀的律师，担任过公司高管，还创过业，在50岁前后的五年内，连续遭遇婚姻破碎、前夫和母亲相继离世，成为三个青少年的单亲妈妈。她的生活出现了巨大真空，她深陷悲痛，筋疲力尽。

每天都尽力说对的话，做对的事，避免让自己的崩溃进一步伤害到孩子们脆弱的心灵，我所能做的就是一天一天地熬。我根本无法想象每天还会发生什么，我们被一个个突发事件推着走，不知道能否顺利度过今天，又如何去想未来、目标或明天？这实在太难了。但那段日子还是过去了。

相信每个人在一生中都有可能经历一些重大的突变：投资失败、亲人病痛、离职、离婚……凯特经历了至暗时刻后，学会了与生活和解，勇敢地重新出发。其实我们每个人经历了悲喜交织的人生之后，都会留下一段独特而动人的故事。

《人生不止一种选择》不同于单纯的职场经验或心灵成长图书，它是两者的结合，框架中有故事，故事中有沉淀。凯特笔下的人生，具有非常强的故事性和代入感，让这本书不那么说教，不那么高深，娓娓道来，轻松易读。同为职场女性的我，会不知不觉进入凯特的世界，情绪与她一起波动，心情与她一起起伏，因被打动而产生共鸣，与她一同焦虑，一同坚韧，一同寻求破解人生困局的密码。与大家分享几个书中打动我的地方：

• 放下内疚，让它成为礼物而非负担。凯特讲述了自己从孩子重病的内疚阴影中走出来的蜕变过程。

• 当贷款遇到困难，凯特情绪崩溃而痛哭时，一位善良体贴的银行职员悄悄为她放下会议室的百叶窗，不让她的窘境暴露在众人面前。

• "effortless"，这个词击中了我，静静地在我身边散发着柔和的光，让我紧绷多年的神经突然得到缓解，它也成为我的2024年关键词。

• 墨尔本有一家仅供女士跳舞的俱乐部，无须盛装，只须带一瓶水和一双舒适的鞋，你就可以尽情沉浸于自己的世界，因为没有人会对你评头论足。

- 旅居巴厘岛的经历和数字游民的工作方式，让我对未来有了新的憧憬和思考。

同时，这本书又不停留于情绪抚慰，而是提出了设定人生目标的系统框架，并明确了实现人生清单的具体路径。作为一位研究领导力多年的专业人士，我对框架完整的知识体系感到无比亲切。凯特特别强调，人生清单不是遗愿清单，具有鲜明的原则和明确的步骤。系统的框架和实用的步骤一步一步带着大家完成人生清单七部曲，寻找每个人独有的人生方向，鼓舞大家在困境中找到力量。相信每一位读到这本书的人，都会在其中找到自己的希望之光。书中还有一些发人深省的问题，能够有效地帮助我们甄别什么对我们的人生最重要，从而果断地对人生做选择。比如：

- 如果你病得有些严重了，你会为了什么而下床？
- 当你和一群让你心情愉快的好朋友在一起时，你喜欢谈论什么？
- 如果你能得到这个世界上你最敬佩的人的赞美，你希望他们对你说些什么？

翻译这本书时，恰逢我创办的蒲公英女性领导力计划成立十周年，作为纪念，我对部分"蒲公英种子"进行了人生清单的访谈。与凯特交流这些精彩的人生答案时，我们都深深地被打动。虽然所处文化不同，但这些女性底层的人生色彩却是相似的，因为她们在人生旅程中，都无时无刻不与自己进行着富有挑战的对话，这些对话沉淀出独有的背景故事，而这些背景故事，成为指向未来转折的灯塔。凯特在书中以及在交流中提到的一些观点也被融入到蒲公英计划女性内生力量建设的课程开发中。

我还告诉凯特，拥有领导力视野的女性，对于人生的理解会更高远和有穿透力，也会预见更多的可能性。她们丰富的人生阅历、审慎的判断力和强劲的自我驱动力，使她们越来越少受困于他人评判，远离患得患失。蒲公英计划中1400多名优秀女性的成长和蜕变充分证明了这一点，她们的人生故事无一不昭示着这本书的宗旨：人生不止一种选择。

人生的每一步，都是对未来的探索。对于智者，人生是一幅神秘生动的画卷，对于强者，人生是一首昂扬的歌，愿读者看完这本书后，能以人生清单为起点，过上有设计感的人生，做愿做的事，爱想爱的人，一生清澈明朗，活出自己想要的样子。

翻译《人生不止一种选择》，既幸运又治愈。出版社和编辑为这本书的翻译提供了很多的支持和帮助，在此深深致谢。

作为首都的妇女代表，我刚刚参加完北京市第十五次妇女代表大会，就用本次会议倡导的新时代女性精神作为结束：向远而谋、向新而行、向强而进，因为人生不止一种选择。

甘斌

蒲公英女性领导力计划创始人

北京悦英新女性成长促进中心理事长

2024年7月

序言

活在当下，热烈且自由

直到50岁那年，我才第一次意识到，如果我早学会把握每个当下，我的人生本可以更加大胆。那是我生平第一次滑雪，是在法国。试想，如果你要在50岁时做件关乎生死、疯狂到不可理喻的事，何不把它做到极致？

说实话，我之前从未有过一丝去滑雪的念头，如果不是因为女儿，我根本不会拥有这次经历。

我之所以在前面先介绍滑雪活动的一个诱人的小插曲，是为了预告整个"人生清单"的情节，为准确说明为什么以及如何创建人生清单——那些大胆、美妙、改变人生、独一无二和壮观的刹那——做铺垫。客观地说，如果在滑雪活动之前我有一份人生清单，滑雪是不会出现在上面的。因为我根本就不想去滑雪，从来没想过。

但我还是去滑了，它改变了我的人生。并不是因为它激发了我对滑雪的持久的热情，恰恰相反，滑雪成了改变我整个目标设定和目标实现方法的动力装置，这才是它对这个故事至关重要的原因。

滑雪点亮了我，让我发现了"当下"的力量，让我第一次拥抱"活在当下"的理念。我意识到，我渴望在人生中拥有更多"当下"：创造回忆的当下，全然存在的当下，不平凡的当下，带着快乐、惊奇、喜悦和欢笑的当下，还有改变生活的当下。

发现了世界上我最喜欢的词

我总是会不假思索地用到"moment"（有多种含义）这个词。

当孩子们尖叫着喊"妈妈"时，我通常会用"moment"这个词来为自己争取时间。"妈妈"一般包含两种语意，一种是"停下来，赶紧去看看"，有可能某个孩子弄伤了自己的腿；另一种语意则是，"别担心，孩子们可能只是找不到勺子而已"。对于后者，我的反应一般是"稍等片刻"（Just give me a moment）。

所以，"moment"成为我争取时间的词，而争取时间是时间管理专家一直努力的事。

但"moment"究竟是什么意思？

经仔细研究，我兴奋地发现，它的确是我争取时间的工具，让我可以继续做事，而不用急着指给孩子看勺子放在哪里。

实际上，"moment"这个词有三种不同的定义。在我面对巨大的来自内心的阻力时，正是这三个定义的结合，赋予我意志力，让我勇敢踏上法国滑雪之路，并且依靠它重新设计了我的人生。

这就是本书所要讲述的，一种富有设计的人生，一种只要你把握好每个当下就能绽放的人生。

moment 的第一个定义——作为时间单位

我发现 moment 其实是一个时间单位[1]，并非无法量化。moment 一词最早出现在 8 世纪的英语中，据当时圣贝德大师（Saint Bede）的珍贵记录，一天中的每个小时被划分为 4 刻钟、60 分钟和 40"moment"，后者其实就代表了 90 秒的时间。就像"分钟"代表 60 秒一样，"moment"代表 90 秒。

这让我感到非常有趣。下次当我说"稍等片刻"时，我实际上是在为自己争取 90 秒钟的时间。

moment 的第二个定义——作为能量单位

moment 也是能量度量单位，称为"矩震级"（Moment Magnitude Scale），可以看作是旧式里氏地震震级表的加强版，可用来测量地震发生瞬间释放出的实际能量大小。

moment 的第三个定义——作为力量单位

moment 还是力量的度量单位。在物理学中，力矩（moment）是指物体围绕支点或特定点转动时旋转力量的大小。例如，当你

---

[1] 在作为时间单位时，moment 可被表述为"瞬间""刹那""片刻"等时间量词，在本书的后面，当表达时间单位时，就用到了以上不同的表达方式。——译者注

打开一扇门，门会围绕门轴旋转，这种旋转力量的大小就被称为力矩。

$$\begin{gathered} \text{moment} \\ = \\ \text{时间单位} \\ \text{能量单位} \\ \text{力量单位} \end{gathered}$$

深入探究以上三个定义后，我更喜欢使用 moment 这个词了。试想，如果我把 moment 的三个定义结合在一起，真正活在当下，把一切做好，我的人生将会发生多么深刻的变化。

> 我只需用 90 秒，就能产生足够能量，
> 打开一扇全新的大门。

把握每个当下，创造你的动能

将 moment 的三个定义结合起来，也就是说，仅用 90 秒钟时间就能让我拥有足够能量，打开全新的人生大门，这就是让我穿戴上滑雪装备、坐上滑雪缆车、登上白雪皑皑的山顶的唯一方式。

如果没有"moment"的简单易行，滑雪事件就不会发生。因为

滑雪的想法本身太宏伟和大胆了，它复杂烦琐，令人望而生畏。从澳大利亚到法国，来到白雪皑皑的山上，如果没有任何滑雪装备和经验，或者确切地说，甚至没有任何滑雪的欲望，我怎么可能做到？

只用90秒钟就打开一扇全新的大门，是如此简单。

一旦你意识到，制定目标或迎接人生中的任何新挑战和改变都只需要"一刹那"（moment），那么从A点到B点就变得易如反掌了。

事实上，一切皆有可能，因为你在"一刹那"可以做的事真的很多。

一旦全新的大门打开，你所要做的就是一步步迈过去。当你把一个又一个的"刹那"叠加在一起时，你就产生了：

动能
运动中物体的动量[1]衡量

我是说，"moment"这个词的含义其实就是"动能"。

动能是指运动中物体的动量的大小。简而言之，任何运动中的物体都具有动能。如果想获得动能，你就必须保持运动状态。如何

---

[1] 动量是物理学专用术语，动量＝质量×速度，反映了物体运动的"冲量"或"势头"。一个运动物体所包含的动量越大，其克服阻力、撞击或改变运动方向的能力就越强。书中原用语为"动能等于运动中物体的质量衡量"，译者认为翻译为"动能等于运动中物体的动量衡量"更为准确，因为动能不仅仅包含质量，还包含速度。——译者注

序言　活在当下，热烈且自由　　XI

才能处于运动状态？付诸行动！我人生中的第一次滑雪，并不是某天在澳大利亚墨尔本突然决定，然后第二天就穿着可爱的小滑雪服，踏着滑雪板，手持滑雪杖，出现在法国阿尔卑斯山山顶的滑道，而是采取行动，通过大量的一小步一小步的积累，迈向了那辉煌而艰巨的目标，自发产生了动能。

小处着眼，小步前行，帮助我实现了原本我认为完全不可能实现的目标。一旦运动起来，保持运动状态就会变得容易，你就会进入一个良性循环。

没有什么是遥不可及的。经过一次次行动，看似离谱的目标将会变得越来越容易实现，这都依赖于众多"moment"的力量。

去过你的"最佳人生"

让人生充满设计感，是我最佳人生的开始。一种可以对所有想做的事情说了算的人生，真是太令人惊叹了。

这难道不也是你期待的人生？是不是你最美好的人生篇章？难道你不想定期为自己投入时间，打开全新的大门，创造震撼人心、截然不同的体验，去过一种不那么无私的人生？

这就是本书的宗旨。

第一章，我将分享如何通过把握当下活出绽放人生，成为一个不再（或几乎不再）关心他人怎么看的女性。这一章还讲述了激发我创造首份人生清单的生活经历，包括那些应该趁年轻充分享受的事情清单。

第二章，我将带你回顾我创建人生清单的历程，并告诉你如何设计你自己的人生清单——从现在到永恒的完美人生。

第三章，我将分享"把握当下"框架：这是一个循序渐进的指南，告诉你如何利用"当下"的力量实现你人生清单中的宏伟目标。

第四章，我将分享我的人生清单最新版本，希望它能激励你创建和实践属于你的人生清单。

通过阅读本书并创建你自己的人生清单，你将过上令人惊叹、不设限、奇妙而又绽放的人生，你将创造、经历并彰显出这样的人生：

> 里程碑
> 具有伟大或持久重要性影响

如果这都不足以撼动你的世界、让你行动起来，那我就不知道还能做什么了。

第一章
现在，为自己活一次

不经意间，我50岁了。

我不是那种为年龄发愁的人，很多时候，我觉得自己才38岁或42岁，这取决于我当天的心情。

然而50岁却是一座人生里程碑，因为它意味着人生半百。

从临近50岁到真正的50岁，家里发生的一切让我不得不停下来，有意识地审视我过去人生的方方面面。

我50岁那年，前夫54岁，被确诊为绝症。这让我很难面对，如果我也只剩下4年或几个月的时间呢？

丹去世后的那段艰难日子里，每个肿块、每个刺痛或普通不适，都会让我陷入巨大的恐惧中，迫使我去看医生。这种恐惧与其说是为自己，不如说是为孩子们：如果我也身患绝症，孩子们就会在失去爸爸后又失去妈妈。这种恐惧还被我投射到我爸爸身上，爸爸每次咳嗽、流鼻涕或打喷嚏，我都会强迫他去看医生："孩子们失去的已经够多了，拜托你了。"

当个人健康危机和压力有所缓解，我对自己的身体状况不再那么恐惧后，我花了很多时间反思我迄今为止的人生，也认真思考了我对余生的期待。

我是一位50岁出头的女性。

从15岁开始，我就以临时、兼职或全职等不同的身份工作，担任过律师事务所和企业内部的律师，也在大企业担任过高管，还自己创过业。我一直非常努力，对于人生的不同角色——女儿、姐妹、学生、伴侣、母亲、员工、老板、朋友——都力求做到完美。

30岁生日当天，我生下第一个孩子。很快，我接连两次怀孕，三年半生了三个小宝贝。虽然我是孩子们的主要照顾者，但我并没有因此而中断工作。在反复多次尝试下，在成功和失败的交替中，靠着坚韧和纯粹的生存本能的支撑，我尽力平衡着母爱与职业生涯。

在过去23年的大部分时间里，我很少把自己放在首位，我的优先级排序通常是：孩子、伴侣、工作、父母和姐妹、朋友，最后才是我自己。我一直在不断地付出。

在过去23年的大部分时间里，与自私截然相反，我表现得极其无私。我并不期望因此获得什么奖励，相反，和我认识的每一位女性一样，我们从根本上都是乐于助人、慷慨大方、奉行利他主义的奉献者。

而今孩子们已长大成人，正在经历和我分离的过程，这是一个漫长、持续而又非常痛苦的过程。有时候，孩子们希望拥有我的一切，包括精神、情感和身体（三个吵闹无比的大孩子抢坐在你腿上拥抱你，争着让你宣布你最爱谁，这与三个蹒跚学步的小孩子做同样的事是完全不同的体验）。但几天后，他们又可能突然消失无影踪。他们正处于这样的阶段，一只脚还留在童年，另一只脚已踏入成年。他们可以在不同日子选择扮演他们希望的角色："今天我是孩子，我需要你，妈妈，你能否停一下，帮我约个理发师，因为我不喜欢和陌生人通话，顺便帮我付一下钱。"或者"今天我是成年人，妈妈，别挡道，小心闪着腰"。23年来，一直是我在照顾他们，我曾是他们最大的啦啦队长,是他们生命中的挚爱,但不可避免的是,我现在也正在靠边站。

我不再是他们需要追随的太阳。

这一切都很正常,很美妙,也正是时候。孩子们长大了,正在酝酿他们自己的新生活。但这也很令我心碎,感觉一起玩"床上有五个人,最小的孩子说'一起翻身啰'"的游戏仿佛就发生在昨天。

对我而言,这同时也意味着,是时候酝酿我的下一段壮丽人生了,孩子们也将不再是我需要围绕的太阳。

我才53岁,未来还有大好人生,我迫不及待地想过上精彩的生活,这一刻我仿佛已经等待多年。我很开心进入人生的新阶段,可以坦然体验"自私"带来的美妙和喜悦。

我厌倦了把上帝赐予的每个小时都用来工作。虽然我一直在事业上追求成功,并以此为动力,但我却不知道成功的终点在哪里,不知道上一段旅程何时何地结束,未来我期待的成功是什么样子,何时才能放下。我想对自己说,我已经够成功了,是时候享受我努力奋斗得来的一切了。

到目前为止,我的人生奇妙而美好,很自得,也是它应该有的样子,所以我没打算改变什么。但应该还有更多的可能性等我去探索,因为我不知道一直以来的这种"现状"还能让我继续满足多久。

过去我不停地妥协,而今我不想再妥协了。

我不停歇地养育孩子,虽然我会永远爱他们,但现在我只想多

第一章 现在,为自己活一次

爱我自己一些。

我无时无刻不为他人做决定，真有点做够了。不完全是决策疲劳（我的决策能力还不错），而是对决策失去了兴趣。有时我只想躲进一间小黑屋，让那些想让我替他们做决定的人找不到我。

我有钱有健康，有时间有空间。一生的勤奋工作让我衣食无忧，努力的自我成长确保了我时间充裕，而坚持健身让我身体健康和精力充沛。

我坚韧不拔、勇敢无畏，事业蒸蒸日上。我皮肤紧致，充满智慧，富有经验和知识，也独立自信。我的人生阅历、审慎判断力和自我认知都让我不再为别人怎么看我而患得患失。现在的状态恰是我喜欢的样子，我正快速接近一个不再介意他人看法的状态。

轮到我自己选择和主宰人生了。

因此，以下是我一直在思考的问题：

- 对于花了如此长时间攀登的事业阶梯，我现在满脑子都是"到底该怎么下来"。如果我下来了，我要做什么来填补空虚呢？如何才能最好地回馈我积累的知识、经验和技能？
- 接下来会怎样？
- 如何全面改变我的世界，才能满足我人生中各个方面的需要？
- 如何做到把自己放在首位？
- 如何找到与我感同身受的女性，一起为这个目标奋斗？

我知道，我并不是唯一反思自己人生的女性。我认识的每一位女性，都在与自己进行着一场富有挑战性的对话，也都有过坎坷的人生旅程，这些旅程无不艰辛曲折，沉淀着独有的背景故事。你的背景故事将照亮你自己想要的未来，而我的背景故事，尤其是过去五年的经历，对我如何"把握当下，绽放人生"起到了关键作用。

人生苦短

结婚 22 年后，丹离开了我。

丹是一个活力四射且魅力无限的人，也是我见过的最有趣的人，他能点亮整个房间的气氛。但丹也是一个"两极分化"明显的人，要么他深爱着你，要么你一点也不被接纳，和丹一起生活总是有很多条条框框。

丹曾疯狂地爱过我。他离开的原因，只是希望趁一切还为时未晚，与另一个人再次坠入爱河。

我被激怒了，崩溃和震惊袭来。我们曾一起建设我们的家，共同养育三个出色的孩子，我们曾是一个整体和团队，是密不可分的伙伴。我们曾一起规划未来，眼见着就要功成身退，一切却突然消失。丹的选择让我感觉到，我的未来被偷走了。

无论由谁提出来，与伴侣分手都是极为痛苦的经历。你会突然间陷入迷茫，这个人到底是个什么鬼？怎么能这么快就从知己和比翼齐飞的伙伴变成了陌生人？

还有对孩子们造成的冲击，我竭力控制不当着他们的面掉眼泪，或表现出愤怒和痛苦。所有委屈、伤害和冷酷无情的小细节，都让我心力交瘁。

然后，你还得和前伴侣协商新的相处方式。婚姻结束了，丹却既想离开我，又想和我保持联系。他还想每天与我通话，告诉我他的日常，听我的建议，想让我帮他挑选家具。他想要我的友情，他不是想让我做回他的爱人和伴侣，而是想让我成为他最好的朋友。但这怎么可能协商？你不能只拥有伙伴关系中好的部分而不接纳任何不好的部分，你更不能在离开实际婚姻的同时还保留情感。

再然后就是分手引起的公众关注，所有隐私都被曝光，每个人都能近距离目睹你生命中最大的创伤事件。我们生活在一个郊区小镇，这里每个人都知道别人的事情，孩子们一起上学，一起参加体育运动，一起乘坐公共汽车，互相都是朋友。我们的分手似乎让整个社区开启了一次集体悲伤和自我反思。

有人说："你们的婚姻如此完美，到底出了什么问题？"

其实她们真正想说的是："这事能发生在你身上，也能同样发生在我身上，了解你出的问题有助于让我避开同样的坑。"

或者也有人会说："你真幸运，他离开了你，我想离开我丈夫，却没有足够的勇气。"

但她们真正想说的是："我想离婚，但我害怕无法养活自己，所以只能困在婚姻里。我多么希望我是你呀，不仅获得了自由，丈夫还会因为主动离开的愧疚，在财务分配上公平处理。"

我失去了朋友。有些人似乎选择了丹，其他一些人只是停止了选择我,还有一些人似乎在担心,今后我会不会试图偷走属于他们的东西。

那时我唯一能做的就是,专注于孩子们和我自己。我需要排解太多的悲伤、恐惧、失落、愤怒和困惑。

我换了购物超市。几个月里,我购物时都戴着太阳镜和耳机,避开那些同情的目光,忍受着那些拥抱。

和丹结婚后,我们曾环游世界,即使有孩子后也未曾中断。我们带着孩子们一起经历了很多不可思议的探险:一起徒步于美国的国家公园,一起观看棒球比赛和百老汇演出,一起骑行穿越意大利的多洛米蒂山脉,一起登顶埃特纳火山,一起在希腊从船上跳进海里潜水和捡海贝,一起在越南湄公河三角洲骑自行车,一起开房车在澳大利亚旅行,钓鱼、游泳、冲浪、划独木舟,过着我们热爱的生活,创造了很多美好回忆。

与丹分开后,我把孩子们放在首位,尽可能为他们营造正常的生活。我继续和孩子们一起旅行,继续创造美好的回忆。

但分手后的丹却没有这样做。在我们分手后的三年半时间里,孩子们并不是丹的重心。丹不曾第一时间与孩子们分享经历,而是醉心于他的单身新生活。丹搬进了一间不太适合孩子住的仓库公寓,买了一辆同样不适合孩子坐的大型多功能卡车。他既不参加家长会,不陪孩子做作业,也不参加医生的预约。他几乎不再出现在孩子们的生活里,哪怕仅仅一半、四分之一或百分之十的时间都不曾有过。

可以想象那段时光有多难熬，我期盼着丹的帮助和情感支持，他的自恋让孩子们错失了父爱，这让我心都碎了。但这是他的选择，我不再有责任给他建议和指导，或警告他，这样做会对他自己和他的亲子关系造成损害。

后来丹生病了，不到 11 个月后去世，我们第二次失去了他。

有时候，生活抛给我们的"弧线球"是破碎锤。

我们常用的表达是与癌症"做斗争"。但其实没有斗争发生。癌细胞太狡猾了，不请自来，不声不响地在丹的身体里肆意扩散。当丹意识到自己受到癌细胞攻击时，为时已晚，这个过程短暂、残酷且极具毁灭性。丹才 54 岁，他留下了三个漂亮的孩子，让他们不得不努力承受还没来得及珍惜就陡然失去亲情的痛苦。

人生苦短。

这是我以前常用但却没有足够重视的一种表达。以前我会随意地、不屑地、漫不经心地使用这句话。我会把它当作托词，用来解释我为什么会做一些无关紧要的事情。

丹在确诊后的最后 11 个月里，重新把重心放到了孩子们身上。他们大多数时间都在一起，那是一段美好的时光。丹虽然努力控制着脾气，但仍然改不了我行我素的性子，孩子们那时已经长大，他们非常清楚该按他身上的哪个"按钮"。在生命的最后几个月，丹努力做到最好，与孩子们同在，全身心投入，做一个有爱的父亲。

生命的最后几个月中，丹仍抱有希望，他的病情预测有些模糊不定，所以我们都觉得丹还有时间，一切还不算太晚。丹还制订了计划,他发现了一个深海垂钓旅行团,准备带着孩子们去澳大利亚最北部。他在昆士兰找到了一个豪华度假村,准备与我们的女儿一起度假。

但突然间,丹的病情迅速恶化。

原本为旅行预留的在化疗前后大约三四天的时间窗口,毫无征兆地突然关闭了。前一天丹还在制订计划,第二天医生就告知我们,在丹的身体内发现血栓,丹不能再乘坐飞机了。钓鱼被取消,度假也随之泡汤。

于是,丹预订了一栋离他住处大约四小时车程的房子,准备与孩子们一起待几天。但突然,这扇窗也被快速关上。为防万一,他住的地方不能离医院太远。

在几周甚至几天内,丹的身体开始衰竭,一切来得太快。

癌症有众多可怕之处,其中之一就是不给你时间表。你究竟还剩多少时间?谁也说不清楚。当你认为自己还有时间时,也许突然就没有了。

丹决定在家里走完他的人生。那个周四他去医院治疗,医生坚持让他留院过周末。他满怀希望周一可以出院回家,但我知道,这次他不会离开医院了。现在回想起来,我觉得治疗团队可能知道,他的生命即将走到尽头,他们想让他舒服些。

孩子们眼睁睁看着他们的爸爸离世,在丹去世前,他们就已经开始为此伤悲,这太折磨孩子们了。

那个周一,丹哭着给我打电话,他很害怕,问我能否去看看他。

那时正值新冠肺炎疫情时期，医院有各种制度、程序和探访时间规定，还有与探视相关的所有麻烦事。为了能进去，我在前台大闹了一场。我记得我打出了各种各样的牌，"妻子"牌（这一定让他们非常困惑，因为他还有一个女朋友）、"我丈夫快不行了"牌和"他哭着打电话求我"牌。

丹被吓坏了，那么弱小和萎靡。我告诉丹，太阳出来了，我要带他出去散散步。丹怕不被允许，我说"不要紧"。

我要了一把轮椅。事实上我是大声嚷嚷着要的。这个我爱了半辈子的男人，我孩子的爸爸，这个能让我笑得比世界上任何人都放肆的男人，这个和我一起环游世界、结伴而行、设计未来的男人，这个活力四射、英俊潇洒、充满魅力的男人，剩下的日子不多了。我悲痛欲绝，坦率地说，我认为这时候没人会因为一把轮椅为难我。

我们在墨尔本的菲茨罗伊散了会儿步，然后走进一家花店，丹用手抚摸着鲜花，欣赏着它们绚丽的色彩，述说着他有多快乐，一切是如此美好。他抬起头，闭上眼，沐浴在阳光下。他的内心一定极度恐惧。

我问他有没有什么想做或想看的，他说想和孩子们一起开车去朗斯代尔角，我们的家庭度假屋就在那里，18年来我们的家庭假期都在那儿度过。沿着高速公路行驶75分钟，就可以看到海滩。丹希望我们用轮椅把他推到海边，他想把脚伸进海浪里。

但一切都太迟了。

丹去世后，他的遗嘱执行人告诉我，丹希望我能带着孩子们去他未能去的地方度个家庭假期，他希望我代替他去参加那个他无法参加的旅行。我们可以去世界上的任何地方，这将是一次充满欢乐、治愈、不可思议的旅行。这是丹希望自己康复后首先考虑的旅程，也是丹留给我们的礼物，让我们完成他未尽的夙愿。

因为生命如此短暂。

短到我们必须认真过好每一天。我们必须深度思考，什么对我们最重要，并将其列为人生优先事项。我们应该有目的地精心规划，投入时间获得最大快乐；我们应该抽空与最亲爱的人共度时光；我们应该创造更多美好回忆，服务他人，营造幸福和成就感。立即行动起来吧，从今天开始！如果不这样，你可能真的会后悔。

与命运和解，再出发

哀悼前夫去世，是一种复杂的悲伤。

首先，我没有一个合适的身份标签，不知该如何称呼自己。孩子母亲？前妻？反正不是遗孀。即使现在我们没离婚，但也分居了。

丹去世后，大家都不知道如何安抚我的丧夫之痛。很多时候，他们都小心翼翼地绕过我，只询问孩子们的情况，对他们失去父亲表达深深的同情，而不去谈论或触碰我本人失去丈夫后的伤痛，纯粹把我当作一个悲伤中的孩子们的母亲。我完全能理解，因为我之前已经失去过丹一次了。

但我的失落和悲伤却一直在持续，并越来越深。我为两次失去丹而悲痛，也为不能再和他一起抚养孩子和重建友谊而伤心。我想念丹。

随着时间的流逝，我获得了从多个角度看待我的婚姻和丹去世的能力。

我意识到，我并没有为挽救婚姻而努力，一点都没有。我没有问丹为什么不想重新爱上我，因为我也不想让他这么做。我没有提出建议和询问，也未曾试图改变他的想法，哪怕一次。我甚至松了一口气，一切都结束了，我可以开始自己的生活了。

我感觉到，我和丹不再相爱，所以我可以接受丹与其他人坠入爱河。

我体会到，我们有过美妙的生活，也有过痛苦的时光，当然我更愿意记住那些美好的时光。

另外，无论我们处在婚姻中还是分手后，虽然我承担着抚养孩子的所有繁重工作，但这对我却是一份礼物，因为这是我和世界上最美妙的人一起度过的时光，充满各种回忆，有爱和欢乐，笑声和痛苦，恐惧和焦虑。我珍惜拥有过的这一切。

同时我也意识到，分手后，我们作为家长一起做出决策时总是很坚定。也许我们并不是一直都同意对方的观点，但在面对困难时，我们总是对孩子们展现出我们的团结。我们彼此分享孩子们的一切，包括他们所有疯狂、淘气、冒险的举动，我们达成共识并互相支持。

再者，丹也告诉我他对放弃婚姻给家庭造成的影响有多抱歉。他非常抱歉不能陪我一起帮助孩子应对失去父亲的悲痛，"所有烂摊子都留给你来收拾"，丹说。他为自己即将去世而悲伤，他很清楚自己将要失去的一切，以及他的离世对我们产生的影响。他为自己无法再与我们共同经历未来的一切感到难过，比如，无法看到孩子们21岁成年，无法陪女儿走过红地毯，无法在儿子们结婚时陪伴左右，无法抱着孙子一起庆祝人生。在生命的最后时刻，丹穿上燕尾服，和我们17岁的女儿录了一段父女共舞的视频，供她在婚礼上播放。我想我们中没有人能鼓起勇气去观看这段录像。

我为孩子们因失去父亲产生的悲伤而心痛，看着他们努力应对痛苦的样子，意识到自己无法消除或减轻他们的绝望，这是多么残酷和无力的经历啊。

但我也体会到，最低谷最失落的时候，也是我最坚强的时候。

还有，对于那些把对丈夫选择新欢的恐惧投射到我身上的女人，我为她们感到深深的悲哀。

我还发自内心地意识到，拖延可能会带来严重后果。生命如此短暂，如果不立刻行动，可能最后连伤心孤独、愤怒疯狂、抱怨不满或停滞的时间都没有了。

随着以上这些视角的展开，我开始成长并决心对我的人生做出改变。两次失去丹以后，我开始制定我的人生清单，以确保活出我的最佳人生。

我希望你也能这样做。

不要拖到稍后，因为稍后可能真的为时已晚。

活出你想要的样子

那么你呢？你的背景故事是怎样的？

可能你没有孩子，哎，还因此天天被人指手画脚。大家会经常假想，你迄今为止的生活"远不如"他们，真是这样吗？

可能你有孩子，但他们还小，还不太独立。

可能你的孩子已经长大，他们正处在与你"分离"的过程中。你开的玩笑不再好笑，对当下最政治正确的事物适应得不够快，你希望大多数周末时光的餐前酒会都在别人家进行。你不再是那个酷妈，对你而言，最好的东西就是信用卡和洗衣机。

可能你处于空巢期或即将成为一位空巢者，正在考虑悄悄离家出走，换一个新身份生活，这实际上会让你的孩子们成为空巢者。

可能你正单身，希望找到新的爱情，或者就是喜欢过单身生活。

可能你已经结婚或有伴侣，正过着幸福的生活，或感到不快乐，被空虚、悲伤、孤独环绕。你很迷茫，这是你想要的人生吗？这个人是你未来30多年想共度余生的人吗？

可能你正在考虑或已经离婚，或已经失去伴侣。

可能你还有要赡养的父母,他们正越来越依赖你帮他们做决定,就像从前他们帮你做决定一样。

可能你感到孤独,正在努力寻找志同道合的姐妹。

也许将来某天,更年期会让你身心俱疲。

你认为从不会下垂的某些身体部位似乎已开始下垂。

当你需要在网上填写一份带有出生日期的表格时,就像转动命运之轮一样,你得从今年向下滚动到上个世纪。

你的一生都在奉献和养育孩子,都在优先考虑别人,而不是自己。

你太累了。

> 恭喜你!
> 你正式步入大家口中的"中年"。
> 你正式成为一位"特定年龄"的女性,
> 拥有了随之而来的标签。

拜托,这不是废话吗?

我个人对"中年"的概念完全不认同,因为今天的中年与我们母亲和祖母时代的中年的含义完全不同。你们并不老,更不会消失。你们健康年轻,自信且精力充沛,皮肤紧致,性感且感性,事业成功,生活充实,渴望过上更宏大壮丽的美好生活。

中年并不意味着危机,而是美好人生的催化剂。

你们受过良好的教育，经过二三十年的职业教育或家庭付出后，突然拥有了更多可以自己掌控的时间。

你们还积累了足够的财富（《福布斯》杂志这样评价你们，50岁以上的女性是"超级消费者"，拥有超过15万亿美元的购买力，是历史上最健康、最富有、最有成就的一代人）。

你并没有改变，只是现在的你拥有更多思考空间，你开始想做出改变，想成为不同的自己。

你从来没有这么年轻过。

你可能会想，接下来会发生什么？是不是该换个方式生活？趁足够年轻还能享受时，去做想做的事而不再那么保守？开始小小地"自私"一下？

> 你想要更多
> 你希望今天就为自己的未来投资。
> 你正步入人生新阶段，
> 去体验无愧于"自私"所带来的美妙和喜悦。

因为人生苦短，生命只有一次，不要让一切为时晚矣。

从今天开始迈出第一步

短短五年内，婚姻破碎让我成了三个青少年的全职单亲妈妈，而母亲的离世又给我们所有人的生活留下了巨大空白。我对自己的事业能否成功感到恐惧，前夫被诊断出癌症不久后去世，我不得不为心碎和悲痛的孩子们撑起一片天。你完全能想象得出，这一切都糟糕到了极点。当我处于那个无计可施的阶段时，帮我度过艰难岁月的，就是一关一关地过。

我知道这听起来很老套，就像是体育教练鼓励队员们"比赛一场一场地打"，但这的确很有效。

我深陷悲痛，时而震惊恐惧，时而失落彷徨，在迷茫中筋疲力尽，每天都尽力说对的话，做对的事，避免让自己的崩溃进一步伤害到孩子们脆弱的心灵，我所能做的就是一天一天地熬。

我根本无法想象每天还会发生什么，我们被一个个突发事件推着走，不知道能否顺利度过今天，又如何去想未来、目标或明天？这实在太难了。

但那段日子还是过去了。

我终于不再只想着今天，不再掰着手指过日子了，孩子们也不再离不开我。我终于恢复了精力和思考，可以带着兴奋和乐观开始规划未来了。

这真是太棒了。

但走到今天，需要付出艰辛努力，这也是本书的核心：

- 分享我的故事，让你知道你并不孤单，很多像你一样的女性都在思考接下来会怎样。
- 鼓励你现在就开始学习如何把握自己的未来。
- 帮助你从今天走到灿烂的未来，并为简化这一过程提供行之有效的框架。

我的首版人生清单，部分源于丹的确诊和离世对生命脆弱的警醒，但更大程度上是我对过去人生普遍的不满足的蔓延。

与越多的女性谈及此事，我就越意识到，我们似乎都存在这样普遍的不安和不满足感。

撰写并分享我的第一版人生清单后，我收到了许多来自读者的支持。他们敞开心扉，分享自己的故事，解释为什么现在正是把握和设计完美人生、撰写自己人生清单的好时机。一切来得太是时候了。

这些故事包含了很多种生活中的转折：有失去了家庭所有积蓄的伴侣；有被诊断出严重心理疾病的孩子；有人在终于有机会深思

熟虑后决定结束与伴侣的关系，不愿再继续过去的生活；有的人发现自己更适合单身生活；有的人虽然爱着伴侣，也不想离婚，但渴望个人能从生活中收获更多，而非由伴侣给予；有的人自信满满，事业成功，追求更高更远的生活体验；也有人对当前的职业不满意，希望彻底改变自己。

可以肯定的是，终于轮到你为自己的人生做主了，让我们一起去开创属于你的辉煌。

> 花点时间思考
> 并回答以下问题：
> 你因何于此？
> 为什么想创建人生清单？
> 为什么是现在？

设计属于你的人生清单

2019年，15岁的女儿参加了澳大利亚与法国的交换生项目，为期5个月，但她很不开心，很多个夜晚（澳大利亚的凌晨两点），女儿都在电话里向我哭诉，她不喜欢寄宿家庭。看起来，寄宿家庭对这个来自世界另一边的不会说法语的少年，采取的是放任自流的同化方式。

她一天天倒数着回家的日子。为了给她一个惊喜，帮她从深深的沮丧中解脱出来，我决定提前两周飞往法国。我订好机票，憧憬着我俩在巴黎奥黛丽·赫本式的漫步。

出发前几周，为了让女儿振作起来，在一个痛苦的倾诉电话中，我告诉女儿，我要去解救她，我们将在巴黎的小公寓里一起住两周，一起享用法棍和奶酪，还可以一边购物和游览景点，一边听她讲讲法语，这将会是多么美妙。

女儿显然被我的计划惊到了，她立刻有了新主意："妈妈，我们可以去滑雪吗？"

啊？

滑雪？你是认真的吗？巴黎怎么办？亲爱的……宝贝？

我身体的每一根神经都在反对着滑雪的主意。我快50岁了，在澳大利亚生活了49年，所有假期都在温暖的地方度过，一辈子没滑过雪，想到又冷又湿的内衣里藏着雪花，我就不寒而栗。

但我还是鼓足勇气让这件事发生了。

那次旅行回来不到一个月，丹就被诊断出癌症，并于11个月后去世，我的整个人生随之被彻底改变。

两个关于目标设定的顿悟

我一直是个目标驱动的人，从会起跳开始，我就一直在不断抬高自己的标杆。

作为一名时间管理专家，我痴迷于流程和框架，好的框架的确会节省大量时间，并能保证每次行动都获得应有的结果。所以，当面对巨大的自我阻力时，我开始认真分析和评估从墨尔本海滩到法国那座白雪皑皑的山顶的精确步骤。我意识到，在追求做得更好、成为更强者和生活更精彩的过程中，我在之前的目标设定上犯了两个大错误。

首先，我总是一次一个目标地设定并达成（例如，我想上大学学习法律——达成；我想买第一辆车——达成；我想在开始工作之前环游世界——达成；我想成为一名母亲——达成；我想兼职——达成；我想创业——达成；等等）。这对我一直很有帮助，帮我稳扎稳打地实现了人生中的许多目标。

然而，从现在开始，如果我想要过上理想中的宏大而绽放的生活，一次实现一个目标显然不再可行，我需要一个庞大恢宏、包罗万象的计划，规划未来一年、五年甚至十年的人生，我把它称作人生清单。

其次，如果我想拥有这个包罗万象的计划——我的人生清单，而不再是一个目标接一个目标地实现，我还需要在如何实现目标方面考虑得更周全。光有人生清单还不够，还需要一个实现人生清单的框架。

顿悟之后如何行动

两个目标设定顿悟意味着我需要两个清晰的框架，一个是设计阶段的框架，另一个是行动阶段的框架，还需要确保它们能无缝衔接。

设计阶段：人生清单是我想要的锦绣人生。在设计启动阶段，我创建了一个很长的清单，列出了趁年轻还能享受时我想做的每一件事。为了帮助大家设计属于你的人生清单，我开发了**人生清单框架**，你可以在本书的第二章了解并学习人生清单框架。我还设计了一个完美的**人生清单规划表**，供你在设计自己的人生清单时使用（请登录 www.katechristie.com.au 免费下载你的**人生清单规划表**）。

行动阶段：仅仅设计人生清单还不够，这在纸面上看起来虽然很漂亮，听起来也很炫，但如果缺乏行动，它终究是张纸，没什么神奇的。我的第二个框架——"**把握当下**"框架才是确保你真正实现人生清单目标的神器。你可以在本书第三章了解并尝试使用"把握当下"框架。人生清单规划表为你实施"把握当下"框架的每一个步骤提供了模板。

我现在正积极、系统地按照"**把握当下**"框架中的步骤，过着我的人生清单中设计的最佳人生。我的人生清单上的一个重大目标就是帮助尽可能多的女性过上最佳人生，这也是本书的宗旨。

一种可以设计的人生。

第二章
人生清单框架

人生清单是你所有目标、梦想、热忱及抱负不断更新的汇集地，在这里，你可以积极记录下打算在年富力强时完成或经历的一切。在这里，你可以记下进度，写下感悟，表达对美好生活的感恩，反思成长，并时刻自我督促。它见证了你即将开启的精彩新篇章。

丹去世五个月后，我坐下来写下了我的第一份全面的人生清单，这既是我疗愈的一部分，也是我以截然不同的方式度过余生的决心。随着自满或懒散感觉的消失，行动的时刻到了。是时候积极主导，亲手设计自己的未来了。

我的第一份人生清单于2021年9月在《CEO世界》杂志上发表，它每天不断地激励着我。

人生苦短，所以我要：

- 每时每刻都爱我的孩子们
- 每天游泳
- 坚持做自己
- 吃棒棒糖（不是甜甜圈）
- 设定大胆目标，并想办法实现
- 每年为自己尝试一个不可思议的"第一次"
- 在对的时间专注于对的事
- 每晚睡10小时
- 每周按摩一次
- 每天坚持锻炼

- 远离电子邮件
- 在可能说"是"的时候说"不"
- 在可能说"不"的时候说"是"
- 按价值收费
- 别再在不需要的东西上花钱
- 清理,化繁为简
- 不再关注谁会倒垃圾
- 拔下插头
- 停止在错误的任务上花费宝贵的时间
- 停止对错误的人花费宝贵的时间
- 拒绝自满
- 拥抱勇气
- 专注于快乐的事
- 不再为小事计较
- 不再为大事烦恼
- 确保自己不会坐等更好的机会突然出现
- 放弃吸尘
- 关注心理健康
- 在阳光下过冬,因为我不喜欢寒冷
- 心存感恩
- 保持好奇
- 在孩子们想玩的时候陪伴他们

- 重视自己的价值
- 工作越来越少，玩得越来越多
- 扔掉从来不穿的衣服
- 花更多时间陪伴爸爸
- 向了不起的女性致敬
- 爬山
- 在市里买一套有两个卧室的精致公寓，这样就能间接促使孩子们搬出去，开始在他们自己的房子里过上最美好的生活
- 每天都告诉孩子们我爱他们，即使他们对此毫不在意
- 永远不记仇
- 定期做肺部检查
- 每天保持阅读
- 旅行
- 放弃不再带给我快乐的财产
- 一有机会就拥抱和亲吻孩子们
- 不再为选择外卖代替做饭感到内疚
- 远离"毒"朋友
- 与美丽的姐妹们共度时光
- 当心情不好时，躺在榻榻米上追一整天剧
- 发誓
- 停止退而求其次的生活
- 帮助其他人设计并过上他们的最佳人生

我的人生清单会随着我的成长而不断进化。我已经实施、完成或正在积极实现我最初的人生清单中的一些目标（本书第四章包含了我的人生清单的最新版本）。

在这一章中，我将与大家分享人生清单框架，你将设计出属于你的宏伟的人生清单，那将是你想过的锦绣人生。

人生清单框架设计包含三个步骤：建立你的人生清单准则，以确定哪些目标可以被列入；了解人生清单所包含的七部曲；学习你需要经历的三类不同目标。

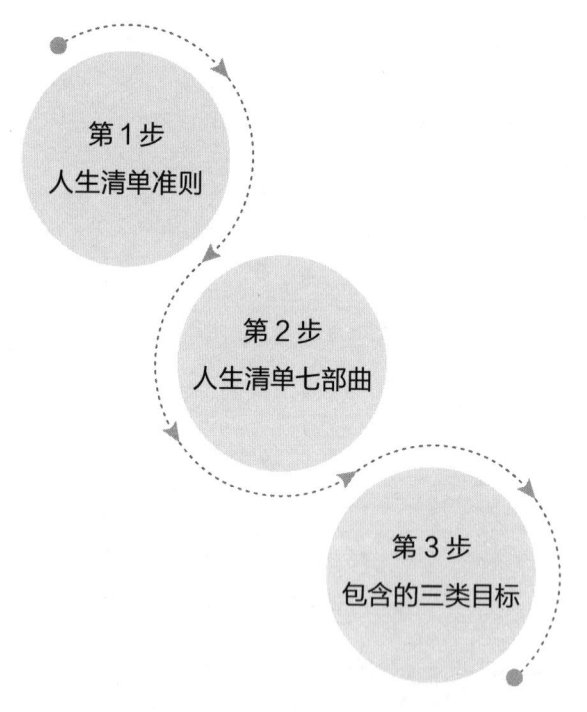

第1步
人生清单准则

第2步
人生清单七部曲

第3步
包含的三类目标

图2-1 人生清单框架示意图

目标设定的基本准则

很多资源对设定目标都有帮助,但研究这些东西要花很多时间,谁愿意花这么多时间去琢磨?我呀。很高兴我可以为你提供子弹。

查阅了大量关于目标设定和目标实现的资料后,我终于创立了自己独有且能成功设计和践行的人生清单框架,这难道不正是我们想达成的终极目标吗?找到适合你的方法,坚持下去。如果你到现在还未找到对你可行的方法,那就自己动手创建吧(坚持下去)。

我邀请了成百上千的客户和听众参与**人生清单框架**和**"把握当下"框架**的可行性测试,以确保它们行之有效。为了尽可能简化、可行和可达成,我对两个框架又进行了调整和完善。我坚信,在大家的持续反馈和帮助下,我会持续完善这两个框架,以便我们可以携手设计和实现我们的最佳人生。

开始学习人生清单框架前,最好先了解一些关于目标设定的基本原则:

1. **拿起笔**。把目标写在纸上,这会大大增加你实现目标的概率。仅仅通过思考、想象或打字来实现目标远远不够。多项研究表明,如果你对某个领域感兴趣，建议你对其相关的神经科学进行探索，这将为成功设定目标奠定基础。

简而言之，我个人最喜欢在纸上书写目标（特别是写在我的人生清单中），其好处有：

> • 为了能以书面形式刻画一个目标，我首先需要把想实现的目标形象化，当我需要时，脑海里就会勾勒出一个画面，与我想达成的结果建立起强烈的情感连接。
> • 目标书写能强化回顾目标的能力。
> • 目标书写让我更加明确和专注，从而产生强烈的兴奋感和积极性。
> • 将想法从脑海中释放到纸上，腾出更多脑容量，让我思考更加周全。

所以，拿起笔来吧，女士。

2. **掌控感很重要**。研究表明，当我们对自己的人生有掌控感时，我们的身心会更健康。创建人生清单不仅是一个快乐的过程，它也会让你对自己的命运产生强烈的掌控感。你会意识到，专注于目标设定其实就是一种行为主导，这正是字面意义上的设计人生。

3. **目标具体化**。你的目标需要非常明确。制定包含很多变数的"大目标"通常会很难实施。将大目标分解成具体的小步骤，让每个行动都具体而明确，将会显著提升你实现目标的成功率。为每个小步骤或小行动设置截止期限，让结果可衡量，当目标实现时及时庆祝，这些都会有助于目标的实现。

4.分享创意瞬间。研究表明，与朋友或一群支持者合作，分享目标和进展，有助于你的坚持。为此，我建立了一个脸书私享群，邀请志同道合、相互支持和卓越的女性进入，我们可以一起分享和庆祝我们的人生清单。

让我们就此进入人生清单框架吧。

第1步：人生清单准则

在设计人生清单时，你需要知道，哪些目标具有足够的影响力和重要性，能被纳入你的人生清单中。

至少，我们都不想过平淡无奇的生活。如果你满足于一个平凡的未来，你就不会阅读这本书了。

为了决定什么是最重要的，你需要思考，为什么你想把某个目标列入人生清单。是因为纯粹的娱乐、全新体验还是你内心深处一直的渴望，又或者是让世界变得更美好。

为了让你专注于选择目标的原因，人生清单规划表在每个目标下都留有空白，让你"反思"为什么这个目标对你很重要。

接下来，为了确保人生清单中所包含目标的多样性，以及产生更多超出想象的拓展目标（而不仅仅是可能在某个阶段想体验的事项清单），制定入选目标的标准就变得至关重要。

人生清单准则帮助我决定哪些目标具有足够的影响力，可以被列入清单。对我来说，目标必须至少满足以下准则中的一项（最好不止一项）：

1. **辉煌**。一定是欢欣鼓舞、激动人心、无比大胆，或者让我因实现了令人惊叹的成就而内心充满暖流。

2. **具备挑战性**。必须对我的生理、心理、情感或精神具备挑战性。

3. **突破舒适区**。必须包含让我感到不安的因素，这与"挑战"有所不同，因为具有挑战性的目标（比如攀登高山）不会让我一想到要做就坐立不安（比如参加速配活动）。

4. **新生事物**。一定是我从未经历过的。

这才是我想过的余生，任何事情只要努力，都可以争取。

想想你的人生清单准则，哪些目标能列入？你可以参考我的人生清单准则，也可以创建属于你自己的准则。

在我去世前，我想……停！这可不是遗愿清单

遗愿清单通常被定义为去世之前想要体验的事项列表，也就是你想达成的遗愿。

而我们不是在讨论遗愿，这也是我更喜欢"人生清单"而不喜欢"遗愿清单"概念的原因。因为遗愿清单：

- 往往只关心旅行和探险。而那些对你多元而精彩的人生来说更为重要的方面，比如，奉献、学习、成长、好奇心、快乐、健康和幸福呢？

- 更关注疯狂旅行和探险的体验感。例如穿着看起来像海豹一样的潜水衣与鲨鱼一起游泳，或背上系着一条彩带从

小飞机上跳下来，或脚踝绑上橡皮筋把自己从桥上扔下去，这些吓人的事情真的可能会加速你的生命终结。

• 到晚年才会主动实施。世界旅游组织"2020年旅游业预测"显示，到2050年，60岁及以上的国际游客将超过20亿（1999年为5.93亿）。遗憾的是，这些"老年"游客将需支付更高的旅游保险费。保险公司在确定保险费时所依据的研究表明，60岁以上的老年人在旅游时的发病率和死亡风险都更高，所以65岁老人的旅行保险费更高，70岁甚至会翻倍，超过75岁将无法购买旅行保险。

• 看起来和感觉上都有点像义务。那些你一生都未花时间做的事，现在却需要在去世前把它们从那张血淋淋的清单上全部划掉，直到累死为止。

• 往往由临近死亡（比如被诊断为绝症）前的经历所引发。

然后就是急于体验一直推迟到"以后"的所有事情，因为"以后"突然降临。无疑，在这个年纪失去丹是促使我开始思考生命脆弱性的催化剂，但现在我一心一意过充实的生活，为什么还要等待？

因此，我们的清单不是遗愿清单，而是人生清单。其意义在于，趁我们还年轻、还能享受时，识别出生活中我们想要体验的所有美妙事物。

第 2 步：人生清单七部曲

你的人生清单不仅仅是为了创造有趣的经历和探险，或是你的旅行目的地愿望列表。比这更重要的是，它需要由你人生中最重要的许多基本要素组成，并必须包括你想要养成的习惯和你准备不再容忍的行为（无论是你自己的还是他人的）。

所有这些要素构成了我生命之书的篇章，因此，我将这些要素分成了 7 个人生清单篇章，并称之为**人生清单七部曲**。

人生清单七部曲的每一篇章，既需要包含属于你自己的目标，也需要包含你希望能对家人、所生活的社区和世界产生影响的目标。

在人生清单中，为每个篇章设定针对性的目标非常重要（例如，让我的财务状况得到控制属于财富篇）。但同样，我也喜欢策划一些跨越多个人生篇章的目标（例如，130 公里的拉拉平塔徒步就涉及健康与幸福篇、探险篇以及生活方式与环境篇）。涉及多个篇章的目标会让人感觉更全面，说实话，也会更令人赞叹。

这 7 个人生清单篇章是：

1. 健康与幸福篇。包括你想做和体验的一切，以最大程度地让你体验身心放松、情绪愉悦、精神健康与幸福感,包括锻炼、美食、冥想、放松、疗愈、悦纳和宽恕。

2. 财富篇。保证你财务安全的所有事项,包括储蓄、财富创造、投资、养老金和不动产规划。

3. 探险篇。所有能让你的灵魂为之雀跃的经历、旅行和探索。

4. 成长篇。包括学习、好奇、积累知识和宏伟的职业目标。

5. 奉献篇。你愿意慷慨贡献时间、知识或财富去创造的所有追求和机会。

6. 人际关系篇。包括你想建立、孕育或发展的关系,也包括你想改变或放弃的关系。

7. 生活方式与环境篇。包括以何种方式在哪儿生活,你希望对生活环境产生何种影响和贡献什么力量,你想接纳或改变的习惯,以及你想放弃的行为。

在确定人生清单目标、梦想和愿望以及在填写人生清单的7个篇章时,请问自己以下问题:

- 我一直想做而未做之事是什么?(请插入选择的理由:如,我总把别人的需要或要求排在首位;我不被允许做这件事;我缺乏时间、金钱、动力、力量、资源或精力。)
- 什么能带给我愉悦感?
- 什么让我困惑?
- 哪儿是我一直想去的地方?

- 什么能带给我深深的满足感、成就感或自豪感?
- 我怎样才能为他人的快乐、知识、幸福、喜悦或生活质量做出最大的贡献?
- 我想学习什么?
- 不做什么会让我后悔?
- 我最想挑战自己做什么或成为谁?
- 我希望留下的遗产是什么?
- 我想改变什么?
- 我想放弃什么?

第3步：人生清单包含的三类目标

在你的人生清单中，应该包含以下三类不同的目标：

1. 大目标
2. 小目标
3. 当下目标

大目标

毫无疑问，你的人生清单应该包括一系列宏伟、大胆、出奇制胜、令人敬畏和能改变人生的目标。这些目标应该贯穿7个人生清单篇章，或同时涉及多个篇章，这样你才能积极地充实人生中最重要的各个方面。

目标越大，你就越需要做更多的计划和排序，制作愿景板，将你需要做的事项融入梦想中，将**大目标**分解成更小的步骤或行动，确保在未来几个月或几年内能加以实施（更多内容请参见第三章的"把握当下"框架）。

在我制定人生清单的最初几年，我给自己的挑战是，每年实现一个大目标，举个例子：

- 第一年，每天在海里游一次泳。
- 第二年，在澳大利亚中部的拉拉平塔徒步。

在完成了符合我所有 4 条人生清单准则的拉拉平塔徒步旅行后，我意识到实现大目标太让人上瘾了，所以我现在每年都会积极达成若干个大目标。

也许你想每年都实现一个大目标，也许你处在希望更规律地实现大目标的人生阶段。

而这一切的关键是，你需要拥有一份能让自己积极投入的人生清单。

小目标

你的人生清单还应该包括一系列微小的、肯定生命和鼓舞人心的目标，这些目标每天都能为你的欢心雀跃提供动力。

微小或短期目标可在近期实现，一般不需要较大的规划。注意不要将过多小目标列入人生清单中，并非小目标不好，而是人生清单不宜太碎片化，这会让你觉得这就像购物清单，你匆匆忙忙完成它们，然后晚上 7 点赶回家，躺在沙发上看电视。

当下目标

大胆些！勇敢点！把握住机会！大声说 yes！

最差又能如何？（最多，如果明天上头条新闻，可能需要稍微收敛点……）

在你的人生清单规划表上留点空白，便于当你自发地完成一些非常了不起的事之后能补充进去。你会想，天呢，我真是太棒了，这本该是我人生清单上的目标，但我当时确实没想到。

然后返回，更新你的人生清单规划表，真实记录下你的精彩。

不应该包含的

不要让你的人生清单包含以下任何目标：

- 感觉像义务
- 不能令你心潮澎湃
- 只不过是别人对你应该如何生活的期待

这是你的人生清单，而不是你家人或伴侣的（我鼓励你在某个阶段设计家人或伴侣清单，但不是现在，因为现在的清单只关乎你）。虽然这么说，人生清单中还是会包含能带给他人快乐的内容，你的家人、朋友、你作为志愿者服务的慈善机构、社区，所以不要害怕把它们加进来（只要它们至少符合你人生清单准则中的一条即可）。

是时候写下属于你的人生清单了

点上蜡烛,放首喜欢的音乐,尽情创造。

制定自己的人生清单,可以在一次深刻的自我反思中完成,也可以分成多天进行。它需要不断更新,以保持与时俱进。因为随着你对新生活的全新展望,它也需要不断扩充。

你可以多次修改你的人生清单草稿,把你的处女作当作流水清单,把你脑海里涌现的那些点燃激情的想法全部写出来。

有意识地把涵盖人生清单七部曲的目标全写进去(见第2步)。

要包括大目标和小目标。注意在人生清单规划表中留白,方便今后记录任何自发和当下的行动,以及你想记下的思考(见第3步)。

先努力写一个目标初稿,再删除感觉不太对或现在还不太适合的内容,这样你就会拥有一份对你未来最为重要的详尽的清单。

如果你想让人生清单看起来整洁漂亮,那就再美化一下。

欢迎给我发电子邮件,告诉我你的人生清单进展情况,让我了解你完成了哪些目标、感觉如何,我很想收到你的人生清单并为你加油。

让这一切发生

我能想象，面对着桌面上五颜六色的人生清单，看起来很漂亮，上面也许蒙上了一层薄薄的灰，但你更想知道，这一切如何才能变为现实。

无论哪一天，特别是当我刚开始制定人生清单时，我可以找出成千上万的理由来解释为什么今天不是开始行动的日子。关于这庞大的理由清单（也就是借口），以及如何克服它们，你可以在第三章——"把握当下"框架中读到更多内容。我敢打赌，你会识别出许多借口，因为当你面对一个看起来太难以追求的目标或机会时，它们很可能正是你每次都会用到的借口。

我向你保证，那些日子都会过去。

我早就克服了停滞、犹豫和迟疑，甩掉了漫长的借口清单，我已经狂热地爱上了我的人生。

难道这不也是你想要的吗？

你可以像我一样，带着同样的快乐、勇气、热情和喜悦，活出自己的人生。

那一长串的借口不再适用于我。我已经改变心态，并反复锻炼制定和实现目标的"肌肉"。我已经建立了极其强大的"肌肉记忆"，而且每次都能奏效，在制定和实现目标方面没再失败过。

我是如何做到的？

我创建了"**把握当下**"框架，它确保了我的目标达成！

第二章
"把握当下"框架

你面前的这份人生清单，就像刚做好的崭新玩具，等待你来使用。这属于整个流程的**设计**部分。

而"把握当下"框架是整个流程中的**行动**部分，至关重要。

和任何可靠且真实的框架一样，我是在完成了当时我人生中最艰巨的身心挑战——第一次滑雪的基础上，回顾整个过程后才创建了"把握当下"框架。

滑雪，从现在起我称之为"滑雪大冒险"，从可以想象的各个方面测试了我的决心。我做到了，我滑了。也许当时并不尽如人意，但我知道，我能成功实现这个（几乎不可能实现的）目标，就意味着其中一定存在某种行之有效的流程。如果我能提取成功的要素，我就能完善这一过程，并将其转化为一个可复制的框架，以帮助我实现未来的所有目标。

最终，帮助我完成"滑雪大冒险"的，是许多步骤的结合，而不仅仅是两三个关键行动。因此，我仔细研究并分解了让我离开海滩踏上滑雪场的每一个步骤，创建了"把握当下"框架。这个框架对我有效，对我的客户也行之有效，相信也会对你有效。

第 1 步：思考当下
1. 设定意向
2. 选择一个目标
3. 识别你的阻力
4. 确定你最看重的
5. 锁定目标期限

第 2 步：积蓄动能
1. 绘制目标思维导图
2. 锁定每项行动的截止日期
3. 找到你的啦啦队
4. 重新塑造目标
5. 迈出第一步

第 3 步：到达里程碑
1. 行动
2. 庆祝
3. 与啦啦队分享
4. 认可成长与吸取教训
5. 表达感恩

图 3-1 "把握当下"框架示意图

第1步：思考当下

在第 1 步，我们将结合"moment"的三个定义，用 90 秒钟的能量在你的人生中打开一扇全新的大门。第 1 步是"把握当下"框架中唯一刻意限定时间的部分，因为我们都能抽出 90 秒的时间来，这是一个超快速的动力注入。

运用 90 秒进入目标达成模式，你将会更专注于真正的意向，过上精彩、伟大、壮丽而绽放的生活。选择你想征服的下一个目标，识别哪些因素会阻碍你，哪些因素会推动你不顾一切去突破，并为目标达成设定一个截止日期。

第 1 步"思考当下"是一堂精心设计的 90 秒预规划大师课，目的是促使你行动起来，它包含 5 个步骤，确保你在此基础上构建绽放的人生。

1. 设定意向

1687 年，艾萨克·牛顿发表了三大运动定律。牛顿第一运动定律（也称惯性定律）指出，"静止的物体保持静止"。所以，如果你不行动，你就会一直动不起来。我把牛顿第一定律称为"网飞上有什么好看的"定律。令人高兴的是，这个定律反过来看也成立。如果静止的物体保持静止，那么运动的物体也将保持运动。

是时候摆脱惰性启动起来，也是时候下决心打开全新的大门了，因为那才是奇迹发生的地方。

花 10 秒钟时间，将思想定格在拥抱有设计感的人生上。我希望你能形成一个简单而强有力的意向，然后执行，去实现人生清单，确保从此活得精彩纷呈。

你的意向可能是这样的：

- 我已经 ×× 岁了，衣食无忧，不再在乎他人的眼光。
- 我想要这些，该轮到我了。
- 是时候活得自在洒脱了。
- 我的生活我做主，我要全心全意为自己而活。
- 很欣慰孩子们现在独立了，我有的是时间、金钱和机会。我想把人生的下一篇章命名为"我"，它将成为人生中最美的篇章。
- 我一直努力工作，现在是时候重新规划我真正想要的生活了。

或者构思出你自己想要的其他美好意向，只要能给你带来快乐、无限的机会和专注。

一旦你对使用"把握当下"框架来实施你的人生清单目标上瘾了，你就不需要在每次启动新目标时都执行这一步。但对最初几个你追求的大目标来说，专注于按设计生活的意向还是非常有用的。此外，如果你在任何阶段暂停了设定和目标的实施，那么当你重启人生清单时，必须确保你的人生清单包括意向设定这一步。

> **滑雪大冒险**
>
> ♥ **我的意向**
>
> 是时候做出改变了，大胆一点。

干得漂亮。你已经进入"思考当下"大师课的前 10 秒。

2. 选择一个目标

花 10 秒钟从你的人生清单中选择一个目标。

我鼓励你从**大目标**中选一个，要超常的、大胆的，这才是你来这里的目的。想想你为什么选择这个目标，为什么这个目标对你影响最大。重要的是，选择一个**大目标**还让你有机会在我的支持下，用"把握当下"框架实现一个宏大的目标。

想想你的人生清单准则，选择一些你从未做过的事，你知道这些事在年轻时如果不做，将来一定会后悔。

或选择一些你做过却淡忘了的事，它们对你的人生仍然有意义，你希望它们重新回到你的生活。

也可以选择让你感到超级自豪的事。

或者选择一些重大事件，只要想起来，脸上就会洋溢着笑容。

对我来说，尽管从未滑过雪，但我可以给自己 10 秒钟，让自己变得大胆，说出"是，我准备和女儿一起去法国滑雪"。

我的滑雪大冒险

❤ 我的大目标

去法国滑雪

干得好！你已经度过了"思考当下"大师课的前 20 秒。

3. 识别你的阻力

我希望你用 30 秒钟识别来自你个人的阻力，究竟什么让你止步不前，让你甚至还没开始就颠覆了自己所选的大目标？

那些我们为自己设定的难以置信、宏伟和大胆的目标，那些令我们神往和惊叹的机会，还有我们怀揣的美好梦想，或者我们（或别人）想出的非凡创意（比如滑雪），常常始于一些让人兴奋且鼓舞人心的灵感，让我们的肾上腺素急速飙升。

多么棒的想法啊！

但紧接着我们就会感受到阻力。现实袭来，我们不得不长久搁置这些大的想法、梦想或目标，因为它们太大、太难、太冷、太湿、太危险、太不属于我、太昂贵、太多、太……

牛顿第二运动定律指出，"物体运动的加速度与所受外力之和成正比"。第二定律很好地解释了为什么实现大目标会如此困难，因为你的大脑正在与你预先形成的行为模式和旧习惯（或力量）做斗争，它们强大而且顽固，会极力阻碍你前行的努力。

虽然你已确定了要努力实现的目标，但你那讨厌的小脑袋立刻开始运转，试图说服你放弃这个宏伟的想法，告诉你为什么你做不到。更糟糕的是，周围人也可能会在你耳边嚷嚷，告诉你为什么你做不到。

滑雪大冒险无疑就是这样。最开始，肾上腺素飙升，大约10秒钟内，我想象着自己在法国，像一只可爱的滑雪兔，在雪地里划出优美的线条，被一个针对50多岁女性的滑雪品牌的星探看中，当场签下担任品牌形象大使的协议……但怀疑和恐惧无情地打断了我的美好想象。

滑雪？你在开玩笑吗？

就这样，几秒钟内，我就彻底放弃了滑雪大冒险的想法。

太难了，太贵了，我不喜欢湿冷，不想骨折或欠债，不想内衣里有雪花，不想全身绑着石膏在法国的医院里待着。我这辈子从没滑过雪（真是好理由），不太可能滑得好，我的协调性就像穿着旱冰鞋的小长颈鹿，而且我个子高，从高处摔下来动静会很大，会受伤，会很疼。

算了吧。

你可能会有成打的理由（其实是借口）不去实现人生清单上的目标。我把这些理由（其实是借口）统称为"阻力"。

有些阻力会让你感觉像 10 千米高、10000 千米宽的栅栏，完全无法逾越，有些阻力则看起来像减速带或路障，如果你下定决心，是可以绕过去的……但谁会自找麻烦呢？

在滑雪大冒险中，所有阻力加在一起产生的综合压力，让我彻底止步不前，我被打回原地。牛顿先生算是看透了我。游戏结束，还是看看网飞上有啥好看的吧。

我发现的秘诀是，在"把握当下"框架的最开始，就直面房间里的大象，一旦你确定目标，必须采取的下一步就是，将脑海中的各种阻力放在台面上，与它们展开 12 轮较量。

让我们对阻力进行一次全面探讨，帮助你识别大脑中那些糟糕的自我对话。我给出的例子并不详尽，我相信你机智的大脑还能想出更多复杂的借口，将你牢牢禁锢在原地。

我把阻力分为两类，并用恐惧桶和缺乏桶来形象地描述它们，它们都是恶霸。

恐惧桶

恐惧是人类对真实或感知的危险的本能反应。恐惧会引发生理反应（例如逃跑），也能引发情绪反应。此处我关注的是情绪反应，我们可能没有感受到生理上的逃离需求，但我们会强烈感受到本能的反应，使我们直觉地想逃离或拒绝某种经历。

对失败的恐惧

有时，对失败的恐惧会阻止我们追求重大的、改变人生的目标，但有时也会阻止我们追求一些容易实现的目标。

我希望你能静下心来认真思考，你是否会因为担心犯错，不正确或不完美，无意中遗漏什么，选择太多或想起来太难，等等，而不愿意去规划和实现你的人生清单？

你可能会失败？

如果这种恐惧是你的阻力之一，很可能就会阻止你追求目标。

你可能只会随波逐流，等待机会降临，或把标准调低，让不成功都不可能。

别再做这样的人了。

对我来说，害怕失败一直是一个大问题。我是一个高绩效追求者。我喜欢成功，喜欢把事情做好。从成功中我获得了很多肯定，成功是我的强大驱动力。但成功让人不舒服的另一面，是无时不在的恐惧，如果这次不成功呢？如果失败了怎么办？

随着时间的推移，受益于53年人生阅历中逐渐增长的智慧，我认识到，我的人生清单、你的人生清单和"把握当下"框架都不是以纯粹的成功或失败为衡量基础，而是立足于机遇、决心、爱和过上最美好生活的渴望。

如果你能这么看，设计和实施人生清单就不会存在失败一说。当你怀揣成为更好的你的愿望时，你就已经成功了。

我在人生清单里为自己设定的第一个目标，就是在全年12个月里，无论刮风下雨还是烈日炎炎，每天都不穿潜水衣下海游泳。我要和两个姐妹一起游泳，这对我的责任感和坚持超级有帮助。

这个目标完全符合我设定的四条准则，分别是：

1. 辉煌：因为它绝对令人振奋。

2. 具备挑战性：它将对我的身体和心理（而且，对情感和精神也是）发起挑战。

3. 突破舒适区：天哪，是的。

4. 新生事物：对。

我被吓坏了，我抱着一次一次游、一刻一刻游的心态去完成任务。偶尔会允许自己想象一下，完成任务时我有多自豪，但我很少去想随后的日子有多难熬，尤其是在寒冬腊月。

那么，情况如何？

在我执行目标的第一年，365天中我游了大约330天。老实说，我停止了计数。

我把这看作失败吗？或者没有成功？让自己失望了？没有做到我要求的尽善尽美？

绝对不会，设定目标能让我一年中游泳330天或更多，肯定比不设定目标游得多。而且我还在一直坚持游，已经有好几年我几乎天天都游。

关键在于，你不会失败，你已经成功了。

害怕别人认为你自私

"谁在关注我的旅程？他们会怎么看待我为自己设定的目标？会认为我自私或自我放纵吗？也许我不该追求下一个目标……哦，天哪，现在我感到内疚了……或许我该暂时搁置那个目标，做个更好的母亲、伴侣、女儿、姐妹、员工、朋友……"

仔细想想你所认识的女性，是否有你认为真正自私的，我想不出任何一位。我认识的几乎所有女性都很无私，无论她们是否为母亲，是否有孩子，是否处于恋爱关系中，是否单身，她们都是奉献者。

回顾你的一生，好好想想你为他人付出的一切，包括那些你为他人投入的时间、做过的工作和做出的牺牲。你真的认为，现在为你自己花点时间会让你变得自私吗？

我不这么认为。

我是三个出色孩子的母亲，爱他们胜过爱自己的生命，作为孩子们的母亲，我的人生充实得超乎想象。

但是，也让我们看看真实的情况是怎样的。

三年半时间，我生了三个孩子。如同所有的孩子一样，我亲爱的孩子们本质上也是一群可爱的"吸血鬼"。

研究表明，每次怀孕都会让母亲的细胞衰老两年，也就是说，我的孩子们从我的生命中夺走了6年时间，如果加上所有不眠之夜，还会更多。因为在连续5年时间里，我不是在怀孕就是在哺乳，他们毁了我的盆底肌肉，让我从 30 岁起就不能在公共场合打喷嚏。为什么我的乳房不再有弹性？为什么我从 40 多岁就开始有白发？为什么我要分四次才能完成高中最后一年的学业（其中只有一次是为了我自己）？为什么我的背会变驼？为什么当晚上 8：00 他们外出狂欢时，我却只能精疲力竭地躺在床上，把手机调成静音还会感到内疚？为什么 23 年来我没有一天不在洗成堆的衣服？为什么我的车被撞后送修的次数多到数不清（警官，事故发生时我并没有开车）？为什么我会清楚地知道一些糟糕的电子音乐什么时候会变调？天啊，我的老大出生于我 30 岁生日当天，所以在我过去 23 年的人生中，没有一天完全属于我自己。

你还能说我自私？

但说实话，如果有人想以某种方式给我贴标签，那么如今被认为有点自私是我非常愿意，也很自豪接受的标签。终于轮到我了，我非常满足且迅速地进入了这样的人生阶段，我将体验到无愧于心的自私带来的绝妙喜悦。这感觉太棒了。

所以，亲爱的，让开点吧，我可不在乎撞到你。

既然说到这里，我们就来揭穿这些"内疚"吧。作为女人，我们背负着太多的负罪感。我们把它当作一枚闪闪发光的徽章，直接而痛苦地戴在心上，而且流血越多，感觉越好。

多年来，我对内疚进行了大量的思考，写了大量文章，它的确让我头疼。理性层面上，你知道内疚对自己没有任何好处，是时候消除内疚了，但问题是，内疚往往是不理性的。

如果你因"沉湎"于设计人生并过上最好的生活而感到内疚，我希望你能试着重新审视这样的想法。因为，在生活中我们扮演着多重角色，包括妈妈、伴侣、女儿、姐妹、朋友、同事、雇员、雇主、经理、阿姨等等，但事实上在扮演这些角色之前，你首先是一个独立的个体，一个有着自己的愿望、需求、情绪、情感、想法和渴望的独一无二的人。

听听这个"人"作为一个独立个体的声音，如果只为她自己，她想要什么样的余生？

想想"先为自己戴上氧气面罩"的比喻，这可能听起来很平常，但这个比喻之所以被反复使用，是因为它很真实。时不时优先考虑一下自己，可以让你感到充实，会带给你平静、活力、满足、快乐和成就感，让你还能继续为他人付出，而不会感到枯竭、沮丧、疲惫，或一直在被利用，感觉被掏空。

不要再那么无私了，是时候稍稍自私一点了。

如果这能让你感觉更好，如果这能让你毫无内疚地沉浸在"我优先"的小小世界里，那就继续和你生命中的其他人一起，以家庭、夫妻、老板或者其他任何身份，创建不同的人生清单吧。

但现在，你需要知道，你已经付出够多了。当下，此刻，你不用再考虑别的，轮到你为自己想想了。

害怕选择的目标被评判

被伴侣评判，被孩子评判，被朋友评判，被母亲或婆婆评判，被兄弟姐妹评判，被同事评判，甚至被超市的收银员评判，这个名单还可以继续。

是的,外界有很多人看起来总有很多时间思考,当着你的面对你所选的人生指手画脚,天知道他们出于什么目的。

他们很可能想根据你的人生清单和你设定的目标来评判你。

很简单,他们不需要知道。这是你的人生清单,而不是你的婚姻生活清单,或家庭生活清单,更不是"我和收银员的生活清单"。如果周围人对你品头论足,无论你爱他们,或者有时有点喜欢,还是根本不喜欢,都不必与他们分享。

为什么要给他们机会破坏你的兴致?让他们去搞砸自己的事吧。

害怕宣告一个只为自己活的人生

如果你已婚或处于稳定的伴侣关系中,或者你的世界里还有其他重要的人,你可能会害怕为自己创造一个单独空间会脱离与他人的生活联系。你可能担心会让这些人觉得你在抛弃他们,或质疑你们的伙伴关系或感情。

关键在于沟通。

首先,你需要和自己谈谈,弄清楚你到底想要什么以及为什么想要。回到"先戴好自己的氧气面罩"的比喻,明白只有当你作为个体处于最佳状态时,你才能在最重要的人际关系中保持最好。

其次,你需要与伴侣或其他重要的人聊聊,让他们以这样的方式来表达对你个人成长的渴望:在你们的关系中感到安全,为你感到高兴,并支持你的成长。

缺乏桶

没有人会有用不完的资源、智慧或技能。我们都（不同程度）缺乏让生活变得轻松、顺利和毫不费力的手段。有时，我们缺乏的东西并不会成为我们追求目标的障碍，我们会在找到替代方案后继续前行。但有时我们面临的障碍却显得难以逾越，导致我们的目标无法实现。所以，把它们找出来，最好能够解决，或至少找到一些可行的变通办法。

缺乏框架

"我不知道该从哪里开始，如何做，或者如何知道我什么时候成功，应该把标准定到多高，或者……"停！我将与你分享我验证过的框架，因此"我没有框架"不会再成为借口。

缺乏正确的心态

令人难以置信的是，我合作过的许多女性之前都未制定过目标。迄今为止，她们所取得的成功完全依赖于她们刻苦努力地工作，有时是在对的时间、对的地点受到启发，有时是抓住了机会并勇于行动。

可以想象，如果人生的每一年和迈出的每一步，她们都能制定出一系列出色、惊人、大胆的目标，并为自己创造更多的机会，她们的一生还能取得多大的成就。

是的，我绝对希望你努力工作，抓住迎面而来的机会，但在埋头苦干的同时，也恳请你们，一定要抽出时间规划和设计自己的命运。

多年前，我曾在企业担任律师。我非常努力地工作，准时到岗，尽心尽力，获得了不少机会。我做得很出色，既可以轻松地待在职业道路上继续努力，等待着在合适的时机被人赏识，也可以选择把命运掌控在自己手中。说实话，前一条路更难、更慢，也没那么有趣。

于是，我专门抽出时间思考，我到底想在这个庞大的组织中为谁工作（一位进取和备受认可的女性），我为什么想为她工作（因为她积极进取、备受认可，公司内级别远高于我，而且直接向首席运营官汇报），以及她现有结构中有哪些空缺需要由我来填补。

我准备了一份提案，安排了与她的会谈，告诉她我的想法，她一定很欣赏我的胆识，因为她给了我这份工作，我为自己设计的工作。

接着，我继续努力工作，持续向她提出我的想法。

有一天我正在办公室里工作时，她探出头，让我带上外套和她一起去开会。来不及准备或修饰自己，我们走进了电梯。她按下行政楼层的按钮，我们要去见她的老板，首席运营官兼首席执行官的得力助手，向他陈述我的提案，降低运营团队的合规培训成本。

这位先生以不好糊弄闻名。当然，我被吓坏了。

但我还是抓住机会向他做了陈述，并得到认同。他当场批准了我的提案，对拥有3万多名员工的公司，调整其合规培训的整体管理方式，我负责执行并取得了成功。后来我又向他提出了其他想法，他给了我更多机会，我努力工作，这些机会也都产生了效果。

后来我直接为他的特别项目工作，他称我为"看管人"，因为他说，在我这里什么都瞒不过去。在为他工作的两年里，我的工资增长了两次，每次都是17%，还受邀参加了高管人才计划，我非常享受这段时光。

所以，人生是设计出来的。

心虚综合征

嗯，那些老一套的"我不够好、不够聪明、不够有趣、不够主动、不够富有、不够漂亮、不够苗条、不够年轻、不够资深、不够坚韧、不够有经验、不够有人脉……"，是时候让它们消失了，我已经这么做了。

50多年的人生阅历对我的帮助是，我不再介意别人的看法，不再想向任何人证明我自己，这种心态让我获得了极大的自由。我不想比你好，不在乎你是否比我更好、更聪明、更有趣、更漂亮、更苗条、更健美、更时髦或更富有，真的一点都不在乎。人生苦短，我不愿意把宝贵的时间浪费在这种比较上。

当你不再为是否能满足身边人而苦恼时，你也就不会再把时间浪费在无法控制的事情上了。

如果你觉得心虚综合征有点难跨越，我希望你能花时间收集资料，比如两三个小时。因为任何不足或心虚的感觉都只是感觉，我们不应该凭感觉来判断自己，女士，你需要的是事实。

在你漂亮的人生清单规划表中，有一页"心虚综合征四象限"需要你填写，你可以写下一长串事实，以挑战任何心虚综合征带来的缺乏感。

心虚综合征的四个象限是：

1. **我的胜利**。这将是最长的清单，也是需要你最常添加的清单，事实上每天都可以添加。我希望你列出过去1年、2年、5年甚至10年里你所取得的每一次胜利，你可以选择要追溯到多久以前。你的清单应该包括既得成就（奖项、公众认可、大项目、赢得客户等），也包括小的成功（比如，某个孩子主动打扫了房间）。

2. **我的技能**。写下你所学到的所有技能（学位、文凭、15岁时参加的打字课程、业余时间的语言学习、接受过的任何辅导、参加过的项目），以及你的学习经历清单，包括那些花在某个角色或任务上的时间，它们使你具备了之前不具备的技能。

3. **我的天赋**。写下你与生俱来的天赋清单，那些上天赋予的轻易就能做得很棒的特质，我称其为 IP（intellectual property，智力资产）。天赋是你真正擅长的才华，但这些别人的赞许都因你视作理所当然而被忽略，因为你认为："难道不是每个人都知道该这么做吗？"不，别人真的不会，把它们写下来吧。

4. **我的成长**。列个表，写下你经历过的帮助你成长的错误、失误或教训。这将包括你不知道的事、没有做过的事或没有说过的话（你希望自己当时知道、做过或说过），以及你状态不佳的时刻。这个列表上的事情不代表失败，而是礼物，因为你从中吸取了教训，并且成长了。

时常看看心虚综合征的四个象限。每当心虚综合征这只灰鼠探出丑陋的小脑袋，就翻出这个四象限表，读读这个又大又长清单上的每一项，用它们切实提醒自己：你很棒，也很富有，在创建你的人生清单和追求目标时，你已经拥有过攻克它们的成功记录。

缺乏自主性

你身边有些人，可能是父母，为你设计了一条实现他们期望、目标和抱负的道路，但那不是你的，他们为你规划的道路可能会受到文化和家庭传统的影响。

对许多人来说，这种挑战非常真实。事实上，可能你拥有自己的目标和梦想，但你的人生道路却不由你自己选择。也许，我只是说也许，如果你还没有行使把握自己命运的权利，今天也许就是开始。

我曾经辅导过一位非常成功的商界女性，除了家庭对她的角色期待外，她非凡人生的各个方面都是完全自主的。虽然她的父母和公公婆婆为她在商界的成就感到自豪，但潜台词却是，她的商业成就，某种程度上只是被家人允许沉迷的"爱好"而已，而她真正的角色是家庭主妇、母亲和妻子。

尽管这位女士收入不菲，远远超过了她的丈夫，但家里的长辈们显然还是认为，她应该是丈夫和孩子们的全职厨师和清洁工。

为了避免与这些有话语权的长辈发生直接冲突，这位原本自信满满的女强人，在每次清洁工来家里打扫卫生时，都会在茶几上摆上茶壶和茶杯。这样，如果家里有人来访，她就能马上与清洁工坐下来，假装是在与朋友品茶。

对许多人来说，要在职业成功与家庭期望之间做出选择，由此带来的冲突是非常现实的。虽然我认识到这一点，也无法在本书解决这个问题，但我还是恳请你，用聪明才智和精湛的谈判技巧与你最爱的人开展对话，尽量不让他们拖你的后腿。

也许到了打破传统、文化规范或家庭期望怪圈的时候了，也是优先考虑你自己和你的目标的时候了。即便不为自己，为了你女儿的人生道路更轻松，你至少也应该想想如何开展这场艰难的对话。

缺乏自律

你已经知道自己不缺乏自律、专注力或意志力，你知道你拥有持续燃烧的渴望去改变和设计你的未来人生，你已经知道你渴望活出绽放的人生。如何得知这些？因为你选择了阅读本书，你来到这里，就证明你已经准备好，你一定想要这些。所以，姐妹们，这段旅程会非常刺激。

缺乏资金

关于这个问题，我想过很多，没有特定顺序，我希望其中的一些或全部能帮助你对付这些具体的阻力。

不是我们所有人都有花不完的钱，如果你有，我要说，"姐妹，你真是太棒了。玩得开心点，要么大手大脚花钱，要么回去睡大觉。但因为你那么有钱，如果你真的选择回到床上（我强烈建议你别那么做），请确保那是一张非常可爱的床，床单也是你能买到的最好的床单"。

不是人生清单上的每一件事都与钱有关。事实上，为了确保你拥有一个美好而统一的生活，人生清单上应该涵盖很多与花费或财富积累无关的事项。你的人生清单设计应该覆盖7个篇章，以确定余生中你最想做的一切事，包括改变或适应新的行为习惯，或致力于健康和幸福，或学习成长，或奉献分享自己的时间和专业知识，等等。而这些人生清单中的目标大多不需要花费一分钱。所以，如果现在钱对你来说是个问题，那就专注于人生清单各个篇章中的那些免费事项。

人生清单上的有些事项需要花钱，尤其是与旅行、探险和经历有关的项目，但你不必同时开展所有事项。设计人生清单是为了帮助你确定在余生中最想做的事和最想拥有的经历，而不是列出每月必做清单。延长资金使用的一个方法是，每年或每两年优选一个与钱相关的目标去实现。

开设一个人生清单银行账户，将每周买咖啡的数量从15杯减至5杯，然后将省下的钱存入新的人生清单账户，观察资金的增长。

你可能有伴侣或家人，为了个人时间而侵占伴侣或家庭储蓄的想法可能会让人感觉到是在放纵自我，"怕别人认为我自私"的念头可能就会抬头（详见"恐惧桶"）。这需要你和伴侣开展良好沟通，解释为何这个目标对你很重要。也许你可以先把费用算出来，然后双方达成共识，你的伴侣也可以从储蓄中取出同等数额的钱，用于实现他的某个目标或需求。也许今年你使用这笔钱，明年再轮到你的伴侣使用。无论采取哪种适合你们的创意或办法，最关键的是，你们要对各自的需求进行沟通。

缺乏时间

我把最关键的留到了最后：缺乏足够的时间。作为一位时间管理专家，过去10年里，我一直致力于与世界各地成千上万的人合作，帮助他们重塑与时间的关系。一个简单的事实是，我们每个人都拥有相同的时间。

所以问题不在于缺乏时间，而在于你选择把时间花在什么地方。我希望你们能做到的是，开始为自己投入时间。

> 无论你的阻力属于
> "恐惧桶"还是"缺乏桶"，
> 或两者兼而有之，
> 你真正需要问自己的问题是：
> 我到底有多想要实现它？

当你深入思考恐惧桶和缺乏桶中的一切时，你开始意识到，阻碍你活出最好人生的唯一因素是——你自己。到了走出自我设限的时候了，如果你真的非常想要，如果你真的想要活出绽放的人生，如果你真心想要最好的余生，你就会战胜恐惧，克服匮乏（第4步：确定你最看重的），这会非常令人神往。

我保证。

花30秒钟识别你在第2步中所选目标的阻力。在你的人生清单规划表中，每个目标旁边都留有空白，便于写下你的阻力。

> **滑雪大冒险**
>
> ♥ 我的阻力
>
> 我有很多阻力,但排名前三的是:
>
> 1. 害怕寒冷和潮湿:度假时忍受寒冷和潮湿,对我来说绝对是一种折磨。
>
> 2. 害怕疼痛:我以前从未滑过雪,如果受伤了怎么办?如果全身裹满石膏在法国的医院躺上100天该如何度过?
>
> 3. 缺乏资金:我没有滑雪装备,也没有滑雪服。我到底该穿什么?又会花多少钱?

太棒了!你已经度过了"思考当下"大师课中的前50秒。

4. 确定你最看重的

每当一个很酷的主意闪过,理性之声就会像个令人生厌的家伙一样爬出来,抛出一长串看似非常合理的阻力,解释为什么你永远不能打开那扇新门。

但我们不是放弃者。

感谢牛顿的第三运动定律:每个运动都存在相同的作用力与反作用力。

既然你已经知道什么会阻碍你前行,你就需要用同等或更强的相反的正向力量来与之对抗,从根本上把这些阻力击倒。

你将用 30 秒钟确定你人生中最看重的事情，那些推动你前行的强大、激励、积极的动能。

内疚的礼物

在孩子们小的时候，我还是那个在职场阶梯上快速努力攀爬的女性，隐藏在我日常装扮下的是印有"S"标志的紧身衣。我遇到了几乎所有人都遇到过的危机，尤其是那些在事业和各种照顾责任之间挣扎的女性。

我那杰出的上司提名我参加高管人才计划，这是一个很高的荣誉，公司投资很大，相关的学习任务和工作量也很大，我的压力不言而喻。

当时孩子们还很小，两个上小学低年级，一个上幼儿园。虽然有一个兼职保姆，我们的压力还是很大。

孩子们正处于特别容易生病的年龄阶段，我们几乎每周都要去看医生。不管是我的几个孩子，还是他们的同学，在学校或幼儿园里舔了地板、桌子或者栅栏，很快就会接触到上万个细菌，迅速引发一场高烧、流鼻涕和疼痛的龙卷风。孩子们生病时，一般情况下，我负责早晨和下午时段的照顾，保姆负责上午，晚上则由我和丈夫轮流照看。

我时刻处于紧张、焦虑和内疚之中。工作时会想着孩子，和孩子们在一起时又会想着工作，简直太可怕了。

周末对我而言是神圣的非工作时间，除了一次特别的周日，我必须飞往悉尼参加为期四天的新晋人才培训项目。生活往往会在最需要被考验的时候考验我们,我的小儿子生病了。他周五放学回家时抱怨肚子痛,到了周日早上开始发烧,因为不想让我出行,他蜷缩在我怀里哭泣。

但我还是去了。

我永远都不会原谅自己当时的决定,把工作、事业和那个愚蠢的人才项目放在我的孩子之上。我忘不了开车离开家时,从后视镜里看到他弱小而伤心的样子,太令人心碎了。时至今日分享这段经历时,我仍然感到羞愧。

周日深夜,儿子的体温高到吓人,我丈夫整晚陪着他,而我也一夜未眠。周一一大早,我搭乘第一班飞机离开悉尼,整个过程令人难忘。我丈夫是一名律师,周一早上要出庭,所以保姆留在家里照看另外两个孩子,我的父母开车送我生病的儿子去看医生,我从机场乘出租车与他们会合。20分钟后,我们坐上救护车前往儿童医院,我儿子在那里待了四天,我几乎没有离开过他身边。

那次事件让我感到极度内疚、受伤和震撼,非常难以释怀。即使是在15年后的今天写到此事,我仍然会立即被带回到那个场景,回想起开车离开那个伤心小男孩的时刻,让我不禁重新审视当时的决定。

我怎么会做出如此错误的决定?我怎么会选择工作而不是儿子?我到底在想什么?

我们生命中都经历过这样的时刻。以我们现在的年龄,或多或少都会对曾经的选择产生不同程度的内疚感。那时候我们把自己放在首位，做过错误的决定；即便决定是正确的，但当结果事与愿违时，同样会后悔不已。

我知道这件事我需要听从自己的内心，没有人会因为我内疚而颁给我金星奖章，我明白这一点，但那段记忆却一直难以释怀。

这些年来，我所能做的就是重新审视这种内疚感，并努力把它当作礼物。因为比起任何其他形式的逻辑或非逻辑思维、情绪或感受，你的内疚感常常会帮助你认清你的价值观，在人生中你最看重什么，你想要过怎样的生活。

和儿子的这段经历铸就了这样的时刻。

我拥有怎样的价值观？

核心价值观是主宰你生活方式的一系列原则。核心价值观对人生清单非常重要，因为它们将决定你执行人生清单的方式。

作为成年人，你一生中参加过很多次职业、个人和自我发展项目，这些项目都会要求你确定自己的核心价值观，天知道你已经做过多少次这样的练习，所以别担心，我们不会让你再做一次。

作为一个聪明、自我驱动和自我意识超强的女性，我相信你对自己的核心价值观有很好的把握。但同时我们也清醒地意识到，在人的一生中，一些核心价值观会随着生活环境的变化而变化。

你知道自己的核心价值观是什么，我需要你做的是，牢记这些核心价值观并继续践行它们，我说得已够多了。

我最看重什么?

"我最看重什么?"这是个完全不同的问题,很可能你从未问过自己。这个问题要求你确定你最想在哪些方面投入时间,而不是那些投入时间过程中指导你行为的原则(即核心价值观)。

为什么这些很重要?

简而言之,当在第 3 步中识别了阻力之后,就来到了整个目标达成过程中的关键点。许多不那么坚定的女性可能会感觉实现这些目标太难,因为她们的恐惧桶里有太多事项,缺乏桶里也满满当当,她们会把人生清单收起来,回到从前的状态,暂时放弃为自己优先考虑的想法,哪怕只有 10 分钟……深呼吸。

当我分析自己登上法国那可怕的滑雪车的过程时,我发现,帮助我彻底击败阻力(相信我,阻力绝不止于我分享的这几种)的唯一因素,就是女儿希望我陪在她身边这个简单的事实。

因此,我反思了这一现实情况,下面是我对当时思考过程进行整理后的版本:

> 还记得那次你优先选择了工作而不是儿子,结果让他在医院待了四天。那个虚弱的小男孩,在凌晨两点打点滴时号啕大哭,你至今都不能原谅自己,因为你错得太离谱。(自责,自责,脏话,脏话,痛苦,痛苦……)
> 还记得你是如何把工作和自我置于你生病的孩子之前

> 的吗？而孩子是你在这个世界上最珍视的，自那天以来，你是怎样做到再也没有把工作或自己置于孩子的健康、幸福、安全和保障之上的？（自责，自责，脏话，脏话……）
>
> 　　把你想念并在电话中哭诉了这么久的女儿放在首位，难道不比你认为的所有障碍，比如寒冷、阴湿、疼痛或裤子里有雪等等，重要得多吗？（你这个疯狂的女人……自责，自责，脏话，脏话……）

花 30 秒钟，想一想在这个世界上，你最看重什么。

1. 我提出三个问题，帮助你找出自己最看重的事：

> ● 如果你病得有些严重了，你会为了什么而下床？
>
> ● 当你和一群让你心情愉快的好朋友在一起时，你喜欢谈论什么？
>
> ● 如果你能得到这个世界上你最敬佩的人的赞美，你希望他们对你说些什么？

2. 对于以上每个问题，你都可能有很多答案。把它们都写下来。

3. 在三个问题的共同答案处画一个圈。也许共同答案有 10 个，也可能只有 5 个，这不重要，关键是这些答案是你人生中最看重什么的重要指引。

4. 在你的人生清单规划表中，每个目标下都有一个部分，用来写下你与这个目标相关的你最看重的事,以帮助你达成目标。

每当你遇到阻碍你前行的阻力时,你最看重的事会成为激励你前行的强大的动力源泉。

滑雪大冒险

❤ **我最看重什么?**

是时候消除阻力了!确认世界上我最看重的事,以及什么能帮我冲破阻力。

这容易,世界上我最看重的事始终有三件:孩子和家庭,事业,健康和幸福。

• 我的孩子:我已经有五个月没见我女儿了,在电话里我和她聊过很长时间。她一直在哭泣,我却无法减轻她的痛苦。现在她想和我一起滑雪,这是一个共同经历全新事物的绝佳机会。这一点不用多想。

• 我的事业:我即将推出我的第四本书,这是一本关于时间管理的书,内容是每月如何找到额外的 30 多个小时。人生中第一次去法国滑雪的经历,将为我的商业文章、网络文章和演讲活动提供大量的素材。这也意味着,如果没有行动,我有可能只是一个空想家。这一点也不用多想。

• 我的身心健康:新鲜空气、锻炼、敬畏、灵感、阿尔卑斯山。这一点更不用多想。

太棒了!你已经度过"思考当下"大师课中的前 80 秒。

5. 锁定目标期限

第 5 步，我希望你用 10 秒钟，为你正在努力实现的大目标选择一个截止日期，并将其锁定在你的日程中。

截止日期：我第二喜欢的词

周日晚 8 点，我收到电子邮件："谨此友好提醒您，您为杂志交稿的时间将于明天到期。"见鬼，我完全忘了这篇文章，而且我已经连续 10 天每天为这本书写 2000 字，我没有更多的文字可以交出去了。

在最近的一次演讲中我提到，"截止日期"是世界上我第二喜欢的词（仅次于"当下"），我甚至在想把"截止日期"作为我的下一个文身（开个玩笑）。这也太讽刺了，我，作为为出版物撰写时间管理方面内容的专家，差点因为忘记了截稿日期而让人失望。

我对自己熬夜赶稿子非常生气，尤其是因为，与"截止日期"这个世界上我第二喜欢的词一样，睡眠也是我最喜欢的活动之一。这本应该是我的教学内容，我的天啊。

我甚至不需要过多深刻反思就知道自己错在哪里：我没有给自己设定一个截止日期，也没有把这个截止日期锁定在我的日历里。

作为经济学理论，帕金森定律指出，一项任务的时间拖得越长，任务量就会越大。我们都知道这个道理。如果你有一个月的时间写文章，你真的需要一个月才能把文章写完；如果你只有两个小时，那么两个小时也能完成这篇文章；如果你没有为写这篇文章设定截止日期，那这篇文章永远不会完成，就这么简单。

我将截止日期分为两类：

- 外部截止日期：**这类期限占少数**。

这类期限是由外部或职责强加给你的：比如老板或客户强加给你的期限，"请在周四下午 5 点前交给我"。外部期限是最容易遵守的期限类型，因为不遵守会产生后果。这里的最大问题是（正如我为杂志撰写文章时的亲身经历），你必须将外部截止日期锁定在你的日历里，以此提醒自己，必须按时完成任务。

- 内部截止日期：**这类期限占大多数**。

这类期限与任务相关，没有外部影响或强制。这些期限必须由你自己决定。对于这类任务，如果你不设定截止日期并将其锁定在日历里，你根本就不会优先完成。这类任务会被排在待办事项清单的最后，更糟糕的是，它们甚至还会被放进"太难任务筐"中，在那里枯萎并孤独死去。或者你会拖延时间，先做数不清的其他事情；又或者，你会开始做这件事，但做了一段时间又放弃了；你也有可能把它拖到灵感来时或有精力、有时间、头脑清空时，或者需要去一趟商店采购到合适工具，或者……总之，以后再做。

但如果"以后"变成了"太晚"，怎么办？

今天，就是你开始勾选人生清单项目的绝佳时机。

花 10 秒钟，为你正在努力实现的大目标设定一个截止日期，并将其锁定在日历里。

就人生清单里的所有目标而言，你可以将之分为三类：

• 立即行动目标。指的是那些自发行为。时机正好，机会就在眼前，立刻行动！

• 小目标。期限一般较短，它们不需要太多计划，更容易实现。我计划每个月至少完成一个小目标。

• 大目标。截止日期更长一些。

在人生清单的每个目标下留有空间，便于你写下完成目标的截止日期。你可以在创建人生清单时用铅笔写下每个截止日期（我已经对我的一些目标这样做了），也可以在你决定将此目标作为优先事项时写下截止日期。

滑雪大冒险

❤ 我的截止日期

2020 年 1 月 24 日

热烈祝贺！你已经完成了"思考当下"大师课的全部内容！现在让我们进入下一个阶段"积蓄动能"。

第 2 步：积蓄动能

到动能时刻了。

动能的定义是运动中的物体的动量测量，任何运动中的物体都具有动能。

无论是运动队伍、运动员还是企业团队，都普遍地使用"**动能**"一词来描述他们取得胜利时的感觉和节奏，这些胜利往往由一系列成功的步骤连接而成。

要想取得胜利，只需不断向前迈进。

这也同样适用于人生清单中目标的实现，不断前行就能产生动能。任何运动中的物体都具有动能，而开始行动是产生动能的前提，一旦行动开始，保持前行将会变得更加容易。

完成了第 1 步"思考当下"，你已经处于行动中了。第 2 步"积蓄**动能**"旨在让你带着意向、专注、激情和自律保持行动。第 2 步包含 5 个小步骤，它们将确保你建立起强大的前行动能。

我是如何找到动能的

速配约会绝不应该出现在我的人生清单上。但某个夜晚我却在一个学校的酒吧里,等待着手机上蹦出信息,告诉我第一个8分钟约会的对象是谁。

来到吧台领取那晚的第一杯免费饮料后,我紧张地环顾了一下酒吧。就像高中舞会一样,女孩们都聚集在一个角落,男孩们则在另一个角落。老实说,我很乐意待在女生角落,和这些女性交朋友,有很多东西可以学习。姑娘们对这里非常熟悉。她们解释着游戏规则,并指出哪些男性是整个快速约会圈的常客。

什么?还有圈子和常客?我能在开始前逃跑吗?

还没来得及想如何逃跑,我的手机就"嘟嘟"响了起来,一张"吉尔斯"(显然不是真名)的照片跳了出来,粗鲁地打断了我和那些漂亮、安全的姑娘们的聊天。

经历了一场无地图寻宝和捉迷藏游戏后,我损失了8分钟中的2分钟来寻找吉尔斯,他鬼鬼祟祟地躲在一棵高大的棕榈树后,显然没有想加入游戏,而是在等我找他。多谢你了,吉尔斯,我刚才真的把脸凑到了这里每个男生的面前,问他是不是吉尔斯。

随后6分钟尴尬的闲聊中,我问了吉尔斯很多关于他自己的问题,而吉尔斯却没问过我一个关于我的问题,真够狡猾的。

6分钟后,我的手机再次闪烁,表示我和吉尔斯的约会可悲地结束了,又到了和"迈尔斯"(也不会是他的真名)的下一个8分钟约会时间。迈尔斯就像一只耍酷的猫王,坐在角落里等待着女生们的崇拜。迈尔斯花了整整 8 分钟谈论自己,完全不需要我的任何提问和反馈,简直就是他的独白,真见鬼。

如此这般的 8 次约会,每次 8 分钟。第 3 次约会完成时,我已筋疲力尽。

这是一次既痛苦又搞笑的教训,它满足了我设定目标四条准则中的三条:

1. 具备挑战性:符合。

2. 突破舒适区:绝对。

3. 新生事物:当然。

这一切都有助于我完成当下的人生清单挑战,这一整个月我都对每个出现的机会说"是"。当一个淘气的朋友知道我正在进行"是的"探险时,立即邀请我加入她的速配约会,她很清楚我不会拒绝(在第四章的"Y 代表'是的'探险"中会有更多介绍)。

我的"是的"探险还包括以下活动:

• 外出跳舞

• 同意预定塔斯马尼亚州海岸线的徒步旅行(更多内容请参见第四章"H 代表徒步")

• 声音疗法(更多内容请参见第四章"W 代表通灵")

• 沿 30 米高的滑道俯冲下来(更多内容请参见第四章"Y 代表'是的'探险")

• 会见一位通灵者(更多内容请参见第四章"W 代表通灵")

我天生是个宅女。

虽然我喜欢给自己设定目标,但过去通常是以可控、类似科学实验和有质量保证为前提,这其中包括大量的规划、明确的日程安排以及可控的流程。所以每当我产生了新的想法,我就会立即行动。

在我写下这些时,我才切实意识到,听起来我就像一个控制狂,这也让我认识到为什么我的初始目标会设定为"是的"探险。

我并没有真正打算或希望享受"是的"探险的任何活动,我知道我不可能满足第四条人生清单准则——目标必须是辉煌的。相反,"是的"探险主要是推动我走出舒适区,我在那里已经待得太久了。

但其实我大错特错,这段旅程非常刺激!

我从"是的"探险活动中学到了两点。

首先,我参加的活动显然符合我的四条人生清单准则中的三条,如果不是因为挑战"是的"探险,我一辈子都不会自愿或满怀热情地参加其中任何一项活动。但结果证明,每项活动都精彩绝伦,因此无意中吻合了我为人生清单设定的第四条准则。每项活动要么本身就很精彩(跳舞本身就很精彩,事实上的确如此),要么因为我为自己能够出现在那里并将自己置于挑战中而感到无比自豪(比如速配约会)。

其次,对"是的"探险的热情,让我变得越来越有感染力,也越来越能实现自我。我说"是的"的次数越多,我就越开心,这让我下一次对探索说"是的"时体验到更多乐趣,一次又一次……我开始主动寻找以前从未探索过的机会,好把它们放进"是的"探险中。

这个女人是谁?

在开展"是的"探险三周后,女儿对我说:"妈妈,你变了。你看起来很开心。你真迷人。"

是的,我很开心,我的确看起来很迷人。更重要的是,我自己也感觉到了这一点,意识到自己身上发生的变化。

我拥有动能了。

是时候产生属于你的动能了。你拥有所需要的一切,深呼吸,握紧我的手,拿起你的笔,让我们一起跳进你的未来。

1. 绘制目标思维导图

我的姐妹们都非常有创造力和才华。姐姐具有我极其欣赏的室内设计天赋,无论我怎么努力模仿,总是无法达到她的水平。她能巧妙地将四个不同尺寸的盆栽组合在一起,看起来宛如 *Vogue Living* 杂志的封面,而我自己尝试的组合,却像是四个在社交活动上彼此不愿意见面的悲伤植物,显得格格不入。妹妹从事时尚行业,每当我需要参加那些不能穿孩子们的旧校服和运动裤的活动时,我总是向她寻求衣着搭配的建议。

我不具备这些创造力方面的天赋。

我的天赋更多体现在流程方面:我是一个善于组织、计划和完成任务的人。

因此,你可以想象,当我发现了水粉笔时,我有多么的高兴。

这简直就是一个改变生活的发明，发明者真是位天才，他应该与发明便利贴的人齐名。

水粉笔的名字可真是实至名归，它有各种艳丽的色彩，可以让你的玻璃和镜子看起来像艺术品，而事实上你所做的只是规划了未来6个月的日程。

你在"思考当下"的第2步"选择一个目标"中确定的第一个人生清单目标，最初可能会让人感到有些畏惧。毕竟一个宏大目标本质上就是一个大项目，除非你拥有出色的项目管理能力，否则任何大目标或大项目都可能会让你感到无所适从。从哪里开始？下一步该做什么？如何安排这一切？猫跑到哪去了？我需要从商店采购什么？……你就这样迷失了。

这正是我们不希望看到的，因为整个人生清单的本意是鼓舞、精彩、让人上瘾、具有很强的可行性。

这就是思维导图的用武之地。思维导图是一个非常出色的思维决策模式工具，可以帮你把大目标分解成更小的行动。无论你是使用思维导图应用程序、绘画纸、便利贴，还是像我一样用水粉笔来绘制，现在都是选择一款合适的工具，把宏大目标分解成可行的小行动的时候了。

如何绘制思维导图

使用你选择的工具，写下在"思考当下"第2步中确定的目标，放在中心位置，并画上圆圈进行标注。当我计划滑雪大冒险时，我写的是"法国滑雪"。

当你思考某个目标的所有活动环节时，找出浮现在你脑海中的 4 个或 5 个，或 18 个关键主题。在计划滑雪大冒险时，我确定的主题包括：

- 航班 / 旅行
- 滑雪胜地
- 住宿
- 食物
- 装备
- 行程

将每个关键主题放在中心目标周围，并留出足够空间来写推动每个主题的具体行动。

把每个主题下你需要执行的所有步骤都一股脑儿地列出来。

比如，当我计划滑雪大冒险时，在**旅行**主题下，我确定的步骤包括：

- 选择航空公司
- 对比机票价格
- 查找签证要求
- 确认行李限额
- 安排机场接送
- 查询旅行保险，包括滑雪保险（事实上还有"极限运动"保险）
- ……

目标越大，思维导图上的行动就越多。

在人生清单规划表中的每个目标下都留下空白处，供你在思维导图中列出为实现目标而要采取的所有行动。

滑雪大冒险

❤ 思维导图

你可以在下一页看到我的思维导图

---

2. 锁定行动截止日期

从"思考当下"中，你已经真正理解设定截止日期并将其锁定在日程中的重要性。

在第2步中，对于你在思维导图中确定的每项行动，我都希望你能分别锁定截止日期。

关于截止日期，还有一些技巧需要牢记：

• **将任务批量规划在日程中**。我撰写并推广过批处理提高效率的策略。批处理概念是指将同类任务集中在一起，这样你就可以用一大块专门时间集中完成它们。比如，你可以集中一段时间完成所有在线研究任务，以实现你的目标。

• **每周设置批量截止日期**。为了保持动能，我会在日程上标注每周任务的截止日期（日期和时间），以便一起完成类似的任务，

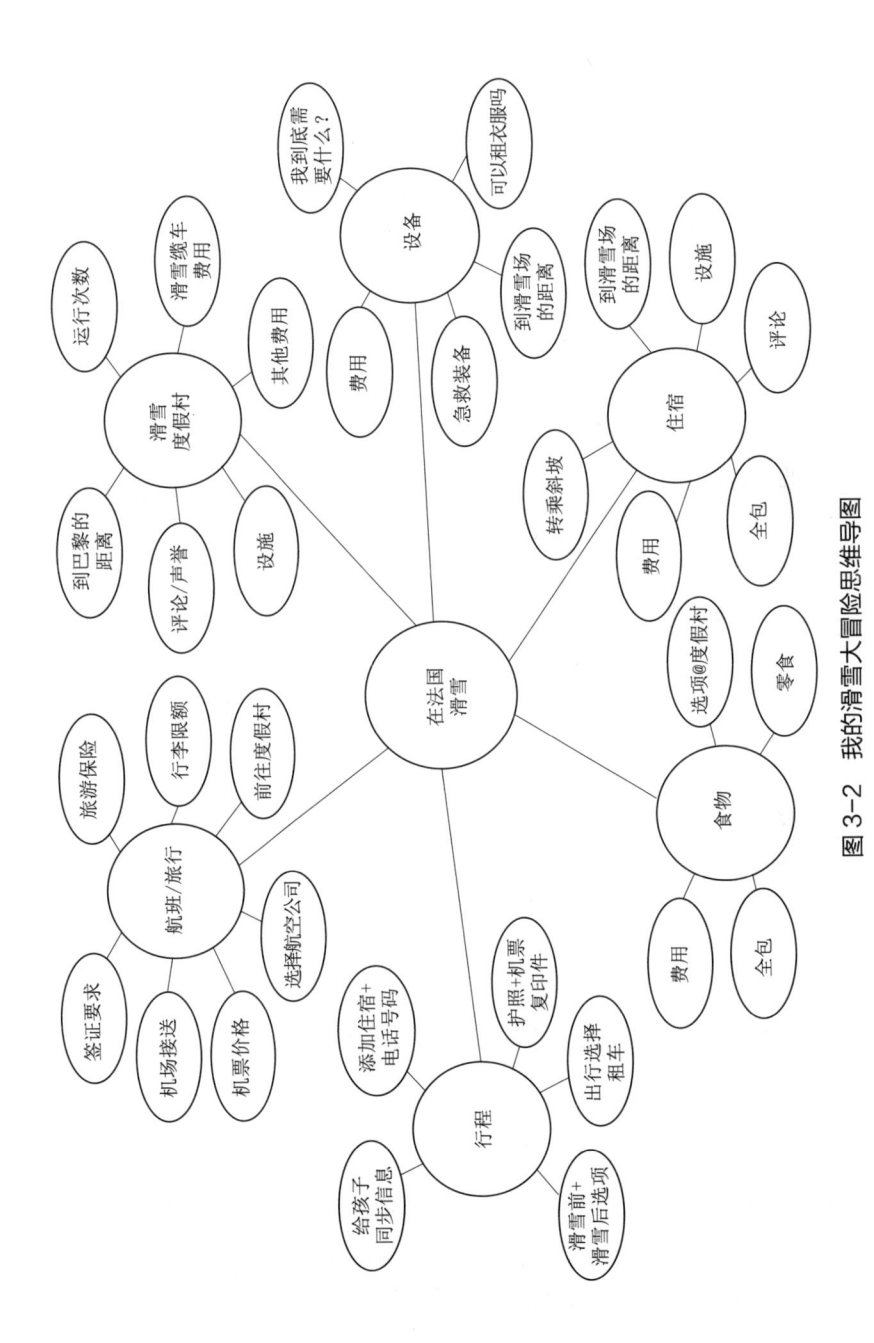

图 3-2 我的滑雪大冒险总思维导图

第三章 "把握当下"框架　093

比如，我会把"目标研究"的截止时间定在每周五下午 3~5 点。

- **每周预留大块时间**。我觉得设定目标和为实现目标而努力是非常刺激和令人兴奋的，所以我倾向于每周至少安排 2~3 个小时，优先做与目标相关的事。
- **设置提醒和闹钟**。在你的日程中，使用醒目的颜色、星星、大写字母、表情符号、铃声或口哨，让你的大脑清楚地知道，这些都是你优先考虑的截止日期，毫无协商余地，你将会设定期限，并行动起来。

滑雪大冒险

♥ 批处理日程

我的日程表请参见下一页

---

3. 找到你的啦啦队

公开分享我的第一版人生清单，是我一时兴起的决定。

我是《CEO 世界》杂志的专栏作家，在我的第一版人生清单草稿完成后，一些发自内心的想法和感受立即涌上心头。只用了 20 分钟时间，我就心血来潮地向杂志社提交了那篇文章，其实我没想到会发表，因为那篇文章与我通常为他们撰写的评论完全不同。

痛苦和失去是非常私密的，至少在我的生活中它们不会被公开。

表 3-1 我的滑雪大冒险批处理日程表

	周日	周一	周二	周三	周四	周五	周六
上午8点		研究航班 上午8:00—9:00	旅行保险 上午8:00—9:00	滑雪胜地 上午8:00—9:00	滑雪胜地 上午8:00—9:00	滑雪胜地 上午8:00—9:00	
上午9点		工作-高价值 9:00—9:45 休息, 9:45	工作-高价值 9:00—9:45 休息, 9:45	工作-高价值 9:00—9:45 休息, 9:45	工作-高价值 9:00—9:45 休息, 9:45	工作-高价值 9:00—9:45 休息, 9:45	
上午10点		工作-高价值 10:00—10:45 休息上午10:45	工作-高价值 10:00—10:45 休息上午10:45	工作-高价值 10:00—10:45 休息上午10:45	工作-高价值 10:00—10:45 休息上午10:45	工作-高价值 10:00—10:45 休息上午10:45	
上午11点		工作-高价值 中午 11:00—12:00	工作-高价值 中午 11:00—12:00	工作-高价值 中午 11:00—12:00	工作-高价值 中午 11:00—12:00	工作-高价值 中午 11:00—12:00	
中午12点		午餐, 中午12点	午餐, 中午12点	午餐, 中午12点	午餐, 中午12点	午餐, 中午12点	
下午1点		流程驱动工作 低价值任务 下午12:30—4:00	流程驱动工作 低价值任务 下午12:30—4:00	流程驱动工作 低价值任务 下午12:30—4:00	流程驱动工作 低价值任务 下午12:30—4:00	流程驱动工作 低价值任务 下午12:30—4:00	
下午2点							设备租赁 下午2:00—3:00
下午3点							设备租赁 下午3:00—4:00
下午4点							预定航班 下午4:00—5:00
下午5点							预定住宿 下午5:00—6:00
下午6点		住宿 晚6:00—早7:00	住宿 晚6:00—早7:00	住宿 晚6:00—早7:00	住宿 晚6:00—早7:00	住宿 晚6:00—早7:00	
晚上7点							
晚上8点							

但我有一种强烈的冲动想与全世界分享那份清单，这既是我疗愈过程的一部分，同时可能也会帮助其他人。

同样重要的是，公布那份人生清单也是庆祝和下定决心的表现。通过公开清单，我向全世界公开宣布，我决心从那一刻起，开始过一种截然不同的人生。这让我无处藏身，我现在必须对自己负责。

公布清单还给我上了重要的一课，让我明白，可以放下戒备，不用总是假装过得很好，四处感恩。其实我过得并不好，分享真实想法并不会拒人于千里之外，反而会吸引他们。坦诚开放会营造一个快速理解你的社群，那篇文章带来的大量支持让我感到震惊。

在第3步中，你将找到你的啦啦队，就像我一样。

我的啦啦队

分享那篇文章的同时，我迈出了治愈自己的一步，并坚定地向前迈进，努力帮助他人过上最美好的生活。不知不觉中，我创建了一支了不起的啦啦队，虽然你们中的多数人我都不认识，也很可能永远都不会见面，但你们支持我，站在我这边，希望看到我成功。

无论过去、现在还是未来，你们的支持都让我受宠若惊，每天都鼓舞我保持最好的状态。当我从你们那里听到，在我的启发下，你们创建并实现了自己的人生清单，没有什么比这更让我感到高兴的事了。

但更重要的是，你们让我对自己负起责任。我不能也不会让你们失望，你们激励了我，帮助我保持了动力。每当我烦恼时，我就会想到你们，你们是我的后盾，让我重新振作起来。

我无法告诉你们，在收到你们的每一条信息时，我会感到多么荣幸。比如，

> 凯特，这篇文章是昂扬向上和鼓舞人心的，简直太美妙了。生活一次又一次证明，新的人生、新的爱情、新的视野和新的决心可以来自毁灭性的打击，这是多么令人欣慰和有趣。感谢你的写作和分享，我现在要好好想想我自己的清单了。
>
> 凯特·哈夫彭尼
>
> 谢谢你，凯特。这篇文章引起了我的共鸣，我也会考虑一下在如此短暂的人生中需要下的决心！
>
> 苏·弗格森
>
> 多好的清单啊，我可能要偷学一下。
>
> 娜塔莉·库尔森
>
> 感谢你的分享，你的真诚激励了我。
>
> 谢尔·艾哈迈德
>
> 谢谢你的分享，凯特，我已经把你的文章保存下来了，我会参考你的清单，创建自己的清单，因为人生真的太短暂了。谢谢。
>
> 梅根·埃德
>
> 非常感谢你的分享，对你的失去表示遗憾。如果明年

此时能有一篇后续文章,看看事情的进展,就再好不过了!

大卫·格兰特

我们都应该注意这些清单中的点。

安尼尔·乌塔姆昌达尼

我喜欢你的清单,我自己也会这样做。保重,祝你和你的孩子们健康快乐。

维多利亚·斯坦德林

是的!!!!!我最近单身,52岁,也在做同样的事情。投身于我一直希望拥有的艺术事业,每天还游泳(几乎)。顺便,清单上我最喜欢的事情是不用吸尘器,这不好吗?

莎伦·英格兰

你的清单激励我更加努力,谢谢。

克里斯蒂娜·艾伦

你是你孩子和其他年轻(和不那么年轻)的职业人的榜样。

安吉拉·沙利文

你的清单给了我很大启发,我会经常参考。谢谢!

凯特琳·阮

谢谢凯特提醒我,什么才是生命中最重要的,人生太短暂了,我不能做那些不能为我的人生增添价值的事。

邱波妮

> 我需要听到这些话，谢谢。
>
> 卡米拉·哈钦森
>
> 我非常喜欢你的话，对我自己的清单很有启发。谢谢。
>
> 莫妮卡·罗森菲尔德
>
> "珍视我最看重的"，这是我们的生活准则。谢谢分享你令人惊叹的加减法清单，祝一切顺利。
>
> 琳达·威尔逊博士

责任感的力量的确很大，但我认为，比这力量更大的是拥有一支全心全意爱你、不评判、支持你的啦啦队。

如何找到你的啦啦队

你不必写文章与全世界分享，或在脸书上发帖，或在大街上贴广告牌，或在电台上购买广告，来公开表达你的决心。你需要做的是找到一帮你信任的人，为你加油。

我经常把人生清单和目标混在一起。一些人生清单上的目标是挑战自己并独自完成，还有一些人生清单目标是和一两个甚至一帮女性朋友一起奋斗完成。不过，无论哪种情况，我的身边都有一支啦啦队。

你可以选择你最好的朋友，找一个会一直支持你的特别铁的伙伴（随时准备提供依靠），或者加入一群随时准备好的志同道合的女性，她们都希望过上最佳人生。

在向啦啦队寻求责任、保证、关爱和鼓励的同时，你可以自己从人生清单中选择目标并实现它，也可以招募啦啦队与你一起，朝着你选择的人生清单目标出发，选择你们共同的目标，一起为这些目标奋斗。把责任感、啦啦队和紧密的伙伴关系融合在一起。

主动让你的啦啦队了解你的进展，你可以决定每两周或每月向她们通报一次最新情况，或者，对于较小的目标，让她们了解你已经取得的成绩。

慷慨地为身边的女性加油，鼓励她们前进中的每一步，经常热情洋溢地对她们说："太厉害了！你简直就是超级明星！"

当她们情绪低落、行动缓慢或后退时，在她们身边友好地推一把，让她们重新振作起来，朝着正确的方向迈进。

在你的人生规划表中，每个目标下都要留有空白，以便列出你为这个目标选择的啦啦队成员。

滑雪大冒险

♥ 啦啦队

我的女儿、爸爸、儿子们（现在回想，儿子们其实没发挥什么作用，虽然他们从这个结果中获得了很多快乐……稍后再谈）。

---

4. 重新塑造目标

你已设定意向，希望绽放人生。

你已确定想要实现的目标。

你已识别阻力的来源，并通过清晰地认知和表达世界上最看重的事来击破所有阻力。

你已锁定完成目标的截止日期。

你已经对那个目标绘制了思维导图，几乎利用了每一寸空间，为了到达起跑线，你还为每一个需要采取的行动分别设置了截止日期。

啦啦队已就位，事实上，他们已经和你一起踏上征程，而不只是在一旁摇旗呐喊。

在第4步中，你将重新塑造目标，使其尽可能务实。你的目标越现实、越具体，你就越能看到、感受和触摸到它，你也就越有可能实现它。重塑目标可以坚定你的意向，为你的动能系统增添动力。

与所有好的目标一样，重塑目标必须具备三个要素，它必须：

1. 用现在时态写，就像它今天刚刚发生。这将帮助你描绘甚至（如果你相信这一点）实现目标。当我认为和表现出某事已经发生时，完成它就会容易得多。

2. 具体化，目标越具体，就有越多的工具去实现它。一个模糊的目标，比如"我想吃得更好"是无法实现的。你需要为成功实现目标做好准备，明确为什么以及如何吃得更好，包括用餐频次、每餐的水果和蔬菜、一周膳食计划、为配合新饮食习惯要做的运动等等。

3. 要包含一系列衡量措施，这样你才能按部就班地完成沿途的每个小步骤（并对过程进行庆祝），同时对最后何时跨过终点线保持清楚的预期。

你的人生规划表中，每个目标下都有留空白，以便让你重新塑造你的目标。

滑雪大冒险

❤ 重新塑造目标

　　现在是2020年1月24日，我刚和佩吉在法国滑了*3天雪。我找到了一个*全包套餐，包括食宿、缆车票、滑雪板和衣服。*我们每天从早上9点一直滑到下午4点。我*很快就从初级滑道毕业了，而且在任何阶段我都没有让雪花*落进裤子里。我有了*很多可写的内容，我发表了*第一篇关于我的冒险经历的文章，*我将把整个经历变成一个框架，让我可以讲出来，写出来，与我的客户分享。*感觉我自己健康而有活力，我爱滑雪！

* = 一个衡量措施

---

5. 迈出一步

　　从牛顿那里我们知道，运动中的物体具有动能，换言之，你必须动起来才能产生动能。

　　你已经完成了所有艰苦的工作。你的计划非常完美。

　　在追求任何目标的过程中，通常最难的一步——采取行动——

现在却成了最容易的一步,因为你已经为自己的成功做了充分的准备。

只要向前迈出一步,你就能产生动能。比如,如果你的大目标是跑马拉松,那么你的第一步可能是今天走5000步。如果你的大目标是跳伞,那么你迈出的第一步可能是用谷歌搜索"人寿保险"(或类似于"我的降落伞打不开的概率有多大?")。

就像明天要去看医生或与客户见面一样,你需要在日程表上写下这一步。

所以,让我们行动起来,就现在,迈出第一步!

一旦某项任务完成,就把它从思维导图上划掉,或更新电子表,或在日历上涂上阴影,或从待办事项清单中划掉,或画上任何个性化的任务完成标记。

就我个人而言,我会在待办事项清单上划掉我完成的每一步,以增强我的动能感。

然后开始下一步,完成它,划掉。

然后再开始下一步,做,标记完成。

然后……你就拥有了动能。

滑雪大冒险

♥ 迈出一步

我迈出的第一步很小也很简单:我上网搜索了旅行医疗保险。

> 就是这样，简单、小而可行，向前迈进。
>
> 下一步，阅读宣传资料和对比保险条款，以确保我在受重伤的情况下，可以被空运下山，或至少被塞进雪橇，盖上松软的毯子，然后被哈士奇队伍从山顶上带下来。
>
> 再下一步，研究距离巴黎 4 小时车程内的滑雪度假酒店，这些酒店提供全包式套餐，包括食宿、接送、滑雪板租借、滑雪服和滑雪缆车通行证等，我找到了一家。
>
> 我已经有点等不及了。

恭喜——你已经拥有动能了！现在，是时候进入里程碑阶段了。

第 3 步：到达里程碑

现在，你可以过上宏大、壮观而不可思议的生活，创造、产生、经历和展现有意义的人生。

把一个目标、探险、行为或成就称为**里程碑**，会把这个事件升华到真正重要的高度，也会对你的未来产生持久的影响。

人类登月就是一个里程碑。

互联网的诞生是一个里程碑，婴儿迈出第一步也是一个里程碑。

你的初吻、你的初恋、你的第一次失败、你的第一辆车、第一次自己开车、你的第一套房子、第一次没有父母陪伴的旅行、第一次没有孩子陪伴的旅行，所有这些都是里程碑。

创建你的人生清单，按照自己的意愿设计生活，这就是里程碑。

里程碑是"把握当下"框架的最后一个步骤，在这里，你可以体验目标，庆祝成功，回顾你的里程碑经历和所思所学，表达你的感恩。

1. 行动

今天是"行动"日。在这一步,你需要亲身去做,享受每一秒,你知道这都是为了你自己。

> **滑雪大冒险**
>
> ♥ 行动!
>
> 事实证明,整个过程中最难的部分是获得交换生服务机构的授权,让我女儿能提前两周离开。
>
> 不过令人欣慰的是,在证明她的确是我亲生的,并且我非常愿意恢复对她的全部法律责任后,她获得可以离开的批准。
>
> 我们在法国那个冰冷的火车站站台重逢,就像马林终于找到了尼莫一样美好。
>
> 我们成功了。
>
> 我们在法国滑了三天雪。那是个里程碑。

2. 庆祝

恭喜你!你成功了,你太棒了!

现在请变换你的庆祝方式,拍拍自己的后背,对着镜子击个掌,洗个热水澡,做个按摩,或是开个盛大的派对,适合自己就好。我最喜欢的庆祝方式是……

尽兴狂舞

邀请函上写得很清楚,我受邀出席一家舞蹈俱乐部的开幕之夜。这是墨尔本某位女士创办的小小俱乐部,她只想和朋友们尽兴舞蹈。俱乐部营业时间是晚上7~9点,我不需要盛装打扮(但如果愿意,也可以),应该穿舒适的鞋子(如果我想穿高跟鞋,会被礼貌地要求脱掉,以保护地板),还需要带一瓶水。

这里不是夜店,不会有人盯着我看,或对我的舞步评头论足,或试图在我毫无防备时凑过来。不需要等到凌晨1点音乐才开始精彩,不需要在嘈杂的节拍声中尖叫,也不需要把手包放在圈子中间的地板上,以便跳舞时照看自己的物品。任何我年轻时外出跳舞需要考虑的事情现在都不需要。

这个舞蹈俱乐部专为像我(和你)这样的女性设计,在没有人注视的情况下,我们可以尽情舞动,然后在晚上9点半之前回家上床睡觉。

这里真是太棒了。

我穿着运动装和舒适的鞋子,带了2升瓶装水,跳了两个小时。我从来没有像这样跳过舞,安全而放松,因为我知道房间里没有人在乎我,大家都沉浸在自己的小小世界里,像一个自由的舞蹈女王一样,开心地跳着自己的舞。我跳得很尽兴,只在三次匆忙去洗手间时才短暂停了一下。唉,目前我的盆底肌防漏不太好。

作为50岁左右的女性,我不再那么介意别人的眼光,感到前所未有的自由,我可以按照自己想要的样子着装或行事,成为我想

第三章 "把握当下"框架

成为的任何人。

这样的生活带给我的快乐无以言表。我希望你也能如此生活，希望你也能以自己喜欢的方式庆祝自己的坚韧。

对我来说，当我想庆祝时，我就会跳舞。

庆祝你的成就

完成人生清单目标本身就是对你人生的庆祝，比如，你可能刚刚爬了一座山，跑了一场马拉松，自愿花时间种了 1000 棵树，开着敞篷车环游了意大利，指导了一位职场小白。重点是，你需要以某种象征性的方式认可你经历的这一过程，你在这个过程中：

- 创建了人生清单
- 确定了你要过精彩生活的意向
- 选择了一个专注的目标
- 找出了可能会牵绊你、拖累你或让你停滞不前的阻力
- 通过提醒自己人生中最看重什么而克服了阻力
- 为自己设定了截止日期
- 绘制了目标思维导图，包括需要完成的所有小行动
- 招募了你的支持团队
- 将目标重塑为一些极为具体的行动
- 实施了每一个行动并获得了动能
- 真正完成了目标！

制定并实现目标需要付出努力、胆识、决心、拼搏和自信。不

要低估你的非凡成就，它理应被庆祝，至少要为自己的出色表现鼓鼓掌。

> **滑雪大冒险**
>
> ♥ 庆祝！
>
> 完成滑雪大冒险，这本身就是对生活的一次庆祝，我们去了一家非常漂亮的高档餐厅，庆祝我第一次（也是最后一次，后面会详细说明）的滑雪之旅，那里有让人震惊的大量黏糊糊的奶酪。我们一边看照片，一边回忆，一边笑出眼泪来。然后我们回到酒店，更换绷带（稍后也会有更多说明）。

3. 与啦啦队分享

沉浸在他们的赞美和爱意中，因为你值得这一切。

2022年，我徒步走完了澳大利亚中部的拉拉平塔步道（你可以在第四章"H代表徒步"中了解更多相关信息）。这是一段令人难以置信的艰苦经历，我在6天内走完了130千米的路程，穿越了非常偏远、艰苦、岩石遍布的地带，其间的挑战超越了我能想象的所有可能。

与其他7人一起徒步旅行，相互提供了惊人的支持和友谊，我们真的是彼此的啦啦队，尤其是凌晨3点半起床徒步行走32千米的那一天。

但真正让我坚持下来的，是我脑海中的家人啦啦队：想象着回到家里，孩子们告诉我，完成如此艰难的旅程有多了不起，这让我感到非常自豪。不瞒你说，在最黑暗的时刻，我还幻想过当我被抬下飞机时，孩子们举着标志牌，高呼着我的名字欢迎我回家的场景。

徒步结束的那天下午，我给孩子们打电话，沉浸在他们的钦佩中，当他们告诉我他们有多么为我骄傲时，我哭了。

联系你的啦啦队，并确保与他们分享你所取得的好的、坏的、丑陋的和令人惊叹的成就。他们对你的旅程投入了情感，他们想看到你成功，他们也会为你的成就感到高兴。

滑雪大冒险

♥ 与啦啦队分享！

女儿佩吉是我有史以来最好的啦啦队员，也是我的亲密搭档。她鼓励我，在我学习初级技能时一直陪伴在我身边，为我的第一次滑雪欢呼，教我如何才能乘上滑雪缆车（那些车不会为任何人停），鼓励我尝试更难的滑雪道。她也非常开心地看着我花了15分钟才把该死的滑雪靴套在滑雪板上，还拍下了我无数次摔倒的惨样，嘲笑我是多么没用。

看着我摔倒的视频，孩子们都哈哈大笑。

我爸爸喃喃自语地说："你的确像是在自杀……"

4. 认可成长与吸取教训

我们已经知道，人生清单之旅中没有失败，我们只会成功，不会失败。

这并不意味着你不会犯错，恰恰相反，也不意味着你应该墨守成规或不思进取。你知道这些，做好了接受任何错误和在教训中成长的准备，并尽量不犯同样的错误。

在我的书中，这些都将让你成为赢家。

有些教训会让你认识到自己有多棒，或提醒你什么对你很重要，或帮助你反思未来要在哪些方面做加法或减法。

成长和教训，承认和记录，这些才是关键。

为了培养和锻炼我们"认可成长与吸取教训"的能力，我在"把握当下"框架中加入了这一步，以确保我们坚持定期进行充分的自我反思。完成人生清单上的每个目标后，回顾你所取得的成就。人生清单规划表的每个目标下都要留有空间，便于你写下对自己的了解以及从这些经历中获得的成长或改变。

这一步可以与下一步（表达感恩）结合在一起做。

滑雪大冒险

♥ 认可成长与吸取教训！

1. 我一生中最伟大的成就大多与战胜恐惧有关，滑雪即是如此。我希望以拥抱和克服恐惧的方式生活，不让恐惧或匮乏阻止我突破自己的舒适区。

2. 识别阻力对我来说很容易。如果不是为了挑战自己并思考世界上我最看重什么，我永远不会去滑雪。世界上我最看重的是恐惧桶和缺乏桶中每件事情的解决方案，永远都是。

3. 当到达坡顶时，优雅地离开滑雪缆车非常重要，而不是错过下车时机，在空中飞得老高，然后重重摔在冰面上，扭伤肩膀肌肉。

4. 在滑雪坡道上，如果一个生来就如同长在滑雪板上一样的法国小孩，像该死的蚊子一样从后面俯冲撞到你，你很可能同时折断拇指、嘴唇流血，并且摔个狗啃泥。

5. 超级寒冷和肾上腺素飙升，是最神奇的镇痛剂。

6. 看着女儿在某件事上远胜于我，竟能让我感受到如此巨大的喜悦，这是我不曾知晓的，真是太美妙了。

7. 你真的可以笑到失禁。

8. 事实上，你真的会笑得前仰后合，以至于 37 分钟都无法重新站稳（或滑雪）。

9. 在陡峭的滑道上，可以采取难看但管用的办法——屁股着地，滑雪板翘到半空中往下滑。这样能躲避死神的召唤，虽然尴尬，但绝对好使。

10. 善良的工作人员会停下缆车，允许你在山顶乘车，逆流而下到达山脚，这样你可以避免死亡。

11. 我再也不会去滑雪了，永远不会。但你知道吗，我无须这样强调，我已经又去滑了一次，并在人生清单上做了标记。

12.也许我过去的所作所为，以及想通过人生清单尝试的事情中存在勇敢的成分，但我认为，更多还是出于对过上最佳人生的强烈渴望。

5.表达感恩

表达感恩是丹生病后不久我养成的日常习惯。我明白，是丹的毁灭性诊断才促使我开启了这一简单的行为，对我所拥有的一切表达感恩。

每天晚上，当我躺在床上（无论如何，这是世界上我最喜欢的地方之一）时，我都会花5分钟反思我的一天，并表达我对一切的感恩。在"美好日子"里，清单会很长，充满着自我肯定；在"糟糕日子"里，虽然清单可能较短，但表达感恩的行为本身就是一个强有力的提醒，我是健康的，深受家人的爱戴。表达感恩总能帮我找回重心，重新定义"糟糕日子"实际意味着什么。

感恩我创建了人生清单，并把它分享给全世界；感恩由此产生的公共责任，让我能够起床，按照自己的方式重新掌控生活；感恩我的人生清单获得的支持，也感恩我下定决心把握当下，活出绽放人生。

对于感恩的研究非常清晰地展现了它的好处，包括使人心态更积极、自信心更强、更有活力、睡眠质量更高、身心更健康和适应能力更强。

我可以亲身证明，这些经历让我受益匪浅。通过创建人生清单，建立按照自己的方式生活的意向，务实地设计并实现自己的目标，每天积极感恩，这些行动让我的幸福感显著提升，让我能够过上自己设计的生活。

正是出于这些原因，我将表达感恩作为"把握当下"框架的最后一步，定期主动培养对生活的感恩，最终将会对我们的人生清单产生超强的力量。

- 感恩意味着对生活中那些赋予你意义、快乐和目标感的神奇事情表达珍视。
- 感恩意味着对那些有时被你认为理所当然的小事表示感激。
- 感恩意味着接受过去的遗憾，重新审视它们并吸取教训，学习利用这些经历，活出更好的人生。
- 感恩意味着珍惜你所拥有的。
- 感恩意味着感谢你已放下的。
- 感恩意味着欣赏你所取得的成就。
- 感恩意味着欣赏你能给予别人的东西。

每完成一个目标，就及时更新你的人生清单，加入你感恩的内容。写下这些很重要，不仅能帮助你进行复盘，还可以创建一个可以回顾的永久记录。以后，只要阅读这些记录，就可以改善你的心情,让你重温那时的经历和感受。

列出至少三件你经历过的值得感恩的事。

与你的啦啦队分享你感恩的事,这将帮助你更深入地反思你的经历。

你的人生清单规划表中的每个目标下都要留有空间,便于你记录值得感恩的事。

滑雪大冒险

♥ 表达感恩!

- 感恩女儿愿意花时间和我一起经历我的第一次。
- 感恩体验过滑雪。
- 感恩我再也不用去滑雪了。
- 感恩过去5年发生的其他一切,在50岁时面对母亲和丹的离世,面对孩子们渐行渐远的事实,这都让我下定决心,让每一天过得有意义。
- 感恩还拥有健康。
- 感恩一直努力工作,让我衣食无忧,作为一个50岁的女性,不用在乎任何人的看法。
- 感恩我能把握当下,活出绽放的人生。

时机已到

永远不要忘记，你人生中每一个重大的改变都是从一小步开始的，从现在起，我希望你把这一小步称为当下。

当专注并拥抱每个独立的当下，然后迈出一步又一步时，你就产生了**动能**。

一旦你拥有了**动能**，当你创造了人生的**里程碑**时，你就会势不可当。

对我来说，决定拥抱人生和第一次滑雪，只是一刹那的事，但就是那一刹那改变了我的人生。

所以，我对你提出的挑战是：是时候把握当下、活出绽放的人生了。

人生苦短，没有理由不这么做。

第四章
我的人生清单

我想与大家分享我目前的人生清单，这是一项持续的工作，会随着我的不断变化和成长而提升。

最初的人生清单是我想做、想经历或想改变的事情的随机组合，而现在呈现的人生清单，是我按照自己的意愿生活，从A到Z的内容排序表。你的人生清单可以按照你喜欢的方式排序，还可以是任何长度。

和我的一样，你的人生清单也将随着你的成长而演变，并可以随着你的灵感随时补充或修改。

在人生清单中，我列出了不同发展阶段的目标，方便大家参阅，并决定如何制定自己的人生清单。例如，以下是我的一些目标：

- 在这个阶段，只要灵感来了，及时记下目标以防丢失。
- 部分启动。因为已经开始投入时间思考目标的样子和感受。
- 完全启动。一切准备就绪，并锁定截止日期。
- 完成，并以日记的形式记录从旅程开始到实现的整个过程，包括"把握当下"框架的每一个步骤（思维导图除外）。

通过这样的方式分享我的行动，大家可以看出，致力于构建人生清单是一个积极、美妙、持续、迭代的体验过程，它将永远不会结束。

我希望我的人生清单能成为带给你灵感的源泉，帮助你创建自己的人生清单。

欢迎随时与我联系！

A
Agenda 议程
[time] Affluence【时间】富裕
Active 活力
Art 艺术

B
Business planning and development 业务规划与发展

C
Contributing 贡献
Courage 勇气
Curiosity 好奇心
Charging what I am worth 为我的价值收费
Checking for lumps 肿瘤检查

D
De-clutter 清理杂物
Dance 跳舞

E
Empowering myself to live a life by design 赋能自我，过上富有设计感的生活
Enough 富足

F
Finance 理财
Focus 专注
First Class 头等舱
Friendships 友谊
Fitness 健身
Forgiveness 宽恕
Family vacations 家庭度假

G
Growing a community of incredible women 发展一个杰出女性社区
Glorious goals 里程碑目标
Giraffes 长颈鹿
Grit 坚韧
Growth and Learnings 学习与成长
Gratitude 感恩

H
Hiking 徒步
Harry Potter World 哈利·波特的世界
Henry VIII 亨利八世
Help 帮助

I
Immersion in Italy 沉醉在意大利

J
January 1月
Joy 喜悦
Journey 旅行

K
Knowledge 知识
Kate 凯特
Kids 孩子们

L
Love 爱
Life List 人生清单
Learning 学习
Laughing 开怀大笑

M
Marathon 马拉松
Moments 当下
Massage 按摩
Motorbike licence 摩托车驾照

N
New products in my business 我的业务新产品
No 不

O
Opportunity 机会
Opera 歌剧

P
Practice 实践
Pelvic floor 盆底肌

Q
Quality clothing 高档服装

R
Relocate to Bali 定居巴厘岛
Rest and Replenish 休息和补充能量
Release 释放
Risks 风险
Reflection 反思
Renewal 更新

S
Swim Every Day 每天游泳
Stop 停止
Swearing 说脏话
Stretch 延伸
Sex 性体验

T

Travel as a digital nomad
像数字游民一样旅行

Tattoo 文身

Tenacity 韧性

Tact 机智

Trailblazer 开拓者

TED talk TED 演讲

U

Unlock new experiences 解锁新经历

Unplug 拔掉插头

Unafraid 无所畏惧

V

Valuing what I most value
珍视我最看重的事

Versatile 多才多艺

Vulnerability 脆弱

W

Woo woo 通灵

Well travelled 遨游四海

Wild 狂野

X

X- ing off alcohol 戒酒

Kisses 亲吻

Xoompin（作者自创词）全速前进

Y

Yes Quest "是的" 探索

Z

Zero out my carbon footprint
零碳足迹

ZZZZZ 尽可能多的睡眠

Zest for life 对生活的热情

人生清单模板

目标

反思

目标类型

篇章　　　　　　　　截止日期

阻力

我最看重什么

啦啦队

重新调整的目标

迈出一步

1.
2.
3.
4.
5.

庆祝

认可成长与吸取教训

表达感恩

思维导图

A 代表我的日程

目标　保持我的日程简单、聚焦且具有战略性

反思

我喜欢简单、从容，喜欢设计人生，喜欢完美的生活。为每一天建立一些基本习惯是有意义的。在每天结束时，我会反思，即使没有其他成就，至少我完成了基本的事，这让我感到很满足。

目标类型

小目标

篇章　健康与幸福，
生活方式与环境

截止日期　立刻

阻力

缺乏自律

我最看重什么

1. 我的时间：它很宝贵，我不准备浪费。
2. 我的家人：我对日程越自律，就越有时间陪伴家人。
3. 我的事业：我对日程越自律，就越有时间专注于我的事业，让质量胜过数量。
4. 我的健康和幸福：我对日程越自律，就越有时间锻炼、阅读、探索、实现我的其他目标，并最终过上最佳人生。

啦啦队

这个目标只有我自己。

重新调整的目标

我将通过十大日常体验来保持我的日程简单化:

- 每天早上和姐妹们一起游泳。
- 从上午8:30到下午1:00处理高价值任务。
- 将所有事情分批处理。
- 把不属于战略的东西从脑海中移到纸上,让大脑制定战略而不是存储信息。
- 积极主动,而不是被动反应。
- 每件事都设置截止日期。
- 将时间投入那些可系统化的事情。
- 每天下午散步。
- 陪着爸爸一起坐坐,晒晒太阳。
- 陪着孩子们报到。

迈出一步

1. 在某个特定的早晨反思一下。
2. 绘制目标思维导图。
3. 我喜欢做的哪些事情能把我推向成功?

庆祝

虽然不是一个大目标,但却是一个有影响力和重要的目标,我很享受那些下午时光,包括陪爸爸坐坐、锻炼身体、与孩子们在一起,或者计划我的下一个大目标。

认可成长与吸取教训

1. 长期以来,我就有按时间分类安排工作任务的习惯。与以前相比,现在的做法有所提高,因为我已经不再让日程表过度饱和。

2. 我喜欢简单化。

表达感恩

1. 很感恩自己能如此专注地投入时间。
2. 很庆幸自己努力设计并实施了提高工作效率的策略,以确保时间充裕。
3. 感谢自己能保持规律的生活方式,规律性生活让人感到舒适。
4. 感谢自己打下了好的基础,让我能够每周只工作三天。

A 代表时间富裕

我有的是时间。

A 代表活力

每天都参加体育运动。

A 代表艺术

游览世界各地壮观的艺术收藏。

B 代表业务规划与发展

目标　战略、系统地关注业务规划与发展

反思

当你拥有一家小企业时,你需要不断奋斗,永远如此。无论你这周或者这一年有多成功,你仍然需要奋斗。总会有一些时候或阶段,你的业务蒸蒸日上,自然增长,业务会主动找上门来,一切都显得轻松、毫不费力、如有神助……但这非常危险。

2022 年,我就经历过这种情况。经过一些年的打拼,我的业务蓬勃发展。我有足够多的好业务,客户非常棒,工作刺激而丰富多彩,我不需要做任何事情机会就会主动上门了,而且这些机会都非常好。

我承认,我变得懒惰了,也许还有自满,或者两者都有。因为业务接踵而至,我放松了业务开发。

很快,日程表上出现了几周空闲,这让我感到心神不宁。我安排了与业务顾问的通话,谈话的内容大致如下:

顾问:你好吗,凯特?

我:嗯,说实话日子有点平淡。我其实没有太多的工作可做。

顾问:那在过去的 6 个月里,你在业务发展和市场开拓方面都做了些什么?

我:什么也没做,没错,是我自己的问题,该死。

确实,我对我的教练说了该死,但他知道我爱他,我本来想以更好的方式说。

事实是,我对业务发展几乎什么都没做,没有为新业务播下一粒种子。烦人的是,这并不难。我的顾问只是带我走近了一面镜子,提醒我好好审视一下自己,这很伤人。

这就是这件事会出现在我的人生清单上的原因，因为我热爱我的事业，我擅长我的工作，但我真的需要接受自己的建议——不坐等机会自己降临。如果我想要，我必须为自己创造，永远。

人生是设计出来的。

目标类型

小目标（虽然工作量很大，但它不是什么高深科学，也不符合我的四条目标准则，所以我没有把它归类为大目标。）

篇章　财富，成长， 　　　　　　**截止日期**　每年10月
　　　　生活方式与环境

阻力

我讨厌"销售"这个想法和行为。它真的让我浑身不舒服。我宁愿戳瞎自己的眼，也不愿打一个"销售电话"。

我最看重什么

1. 我的事业：真的很搞笑，如果我不积极拓展并进行销售，业务就会枯竭。
2. 我的工作和帮助：我喜欢我的客户，我愿意影响他们的人生。我对此的热爱远远超过对"销售"概念的厌恶。如果我分享内容，写书，培育市场，更多展示自己，拿起电话与人通话，喝咖啡，写邮件，那么，至少，我可以对更多人产生影响。对我来说，帮助他人，改变他们的生活，帮他们设定目标并找回时间，帮助他们撰写人生清单从而打造完美人生，这比我一想到"销售"就感到不安更为重要。
3. 按照设计生活：我热爱生活和工作，它们是让我感到充实、快乐、充满活力和自豪的首选良药，除非我处在良好稳固的业务发展中，否则我无法让自己快乐。

很好，再一次明确了我最看重的事情，让我的阻力彻底消失了。

啦啦队

我的业务责任女孩（共 4 个人，我们定期见面以保证每个人都跟上进度）。

重新调整的目标

每年 10 月，我都会与我的业务责任女孩一起对下一年进行规划。我的业务计划将细分到按月交付，包括以下任务：

- 重新审视客户画像。
- 确定需要重点关注、退出市场和新开发的产品。
- 明确关键信息。
- 确定网站和业务资料哪些需要更新。
- 确定目标合作伙伴。
- 为每类产品制定目标。
- 制订社交媒体宣传计划。
- 制订业务发展计划，以便定期培育市场。

我会根据目标进行跟踪和评估，帮助和指引我找到工作重点。每一项任务都设有截止日期，我还会确定哪些工作可以外包，以便将时间和精力集中在我最擅长的领域。

迈出一步

1. 设定意向。
2. 在日历上锁定任务截止日期。
3. 创建模板。

庆祝

虽然这不是一个大目标，但却需要大量的计划和精力。

我会为每一位新客户的到来和每一本书的售出而庆祝，永远不会认为这是理所当然的收获。

认可成长与吸取教训

自律是王道。

表达感恩

1. 很感恩我聘请了一位愿意为我负责的业务顾问。
2. 感谢自己投入的时间、精力和爱心，培养了一批成功的有责任心的职业女性，她们让我保持专注，脚踏实地。作为个体，我们充满活力和驱动力，作为四人组合，我们战无不胜。我完全信任这些女性，把我生意上的具体事项都托付给她们，我相信她们总是会非常诚实地告诉我，什么可行、什么不可行，我们是彼此的支撑，我们总是相互给予，又接受对方的真实。
3. 很感激写了这篇文章，因为我需要一个推动力来为明年的计划做准备。
4. 我很庆幸，在最近一次10月规划会议上，我和我的业务责任伙伴们花了四天时间，一边徒步于塔斯马尼亚的三个海角，一边为我们的企业做规划。将徒步旅行、亲近大自然与业务战略结合起来，是一件非常惬意之事。我们有很多时间在一起讨论各自的业务，在各自的头脑中反思和制定战略，并为明年制定愿景，我们每天下午还有很多时间坐下来写下这一切。这既让人兴奋又令人振奋，也正是我所需要的。离开办公室，在丛林中度过四天清闲日子，以创建一个商业计划，让我保持专注、好奇、充满活力，推动我做得更好，并为我的客户带来绝妙的成果。

C 代表贡献

目标 确保在业务中，我是以最有效、最有影响力的方式做出贡献和分享知识。

反思

我一直在为他人贡献自己的知识和专长，并将继续这样做。但是，我希望以一种更加深思熟虑而不是临时性的方式做出贡献。我想确定如何以及在哪儿贡献我的时间、知识和财富。

目标类型

小目标

篇章 奉献　　　　　　　　**截止日期** 2023 年 1 月制订我的贡献方案

阻力

缺乏自律。

我最看重什么

1. 帮助他人，让他人的事业和人生与众不同。
2. 做事条理而系统。
3. 做与妇女儿童教育和健康有关的慈善活动。

啦啦队

我支持的慈善活动机构

重新调整的目标

现在是 2023 年 1 月，我制订了一项新的贡献方案，阐述我将如何以及在哪些方面分享我的知识、经验和最宝贵的资源。为确保其对我有效，我将重点关注：

- 那些积极致力于改善妇女儿童健康与教育状况的慈善机构和组织。
- 为初创企业提供建议，帮助它们成长并取得成功。
- 辅导其他企业主。
- 回馈我所在的社区。

迈出一步

1. 列出我目前贡献时间、知识和财务的所有组织和个人的清单。
2. 与他们联系，建立正式关系，并确定他们最需要我做什么、我如何才能帮助到他们。
3. 起草我的贡献方案。

庆祝

不是一个大目标，只是一个"希望完成且这样做感觉很好"的目标。

认可成长与吸取教训

1. 光想贡献是不够的。设定过程和截止日期，把愿望变成一种自律。

表达感恩

1. 感恩自己拥有有价值的知识，可以分享给我重视的对象。
2. 感谢选择与我合作的机构和伙伴们。
3. 帮助他人的感觉很棒。

C 代表勇气

不害怕做我自己,不害怕做所有精彩、疯狂、紧张、安静、有趣、大声、经常内向、有时外向、坦率、善良、忠诚和令人震惊的自己。

C 代表好奇心

永远如此。

C 代表为我的价值收费

或者什么都不收,拥有同时做到这两点的勇气。

C 代表肿瘤检查

年度健康体检、乳房 X 光检查、宫颈涂片检查、肠道检查、血液检查以及其他一切我需要做的检查,以确保我能拥有更多和孩子们在一起的时间。

D 代表清理杂物

目标 清理杂物，不再让杂物堆积如山。

反思

我显然低估了我需要扔掉多少垃圾，当我打电话问收垃圾的人能否提供一个更大的垃圾桶时，他已经在路上了。上帝保佑，他愿意开回车库，用超大型垃圾桶替换了原来的中型垃圾桶，然后又开回到我家。

我和丹分居后，为维持孩子们的正常生活（这对我来说很重要），我们保留了原来的家庭住宅。一年后，当我和丹进行财务结算时，我们将房子挂牌出售，却无人问津。市场在下滑，我们的房子位于住房市场的高端位置，买家有限，而且他们行事谨慎。整个过程就像一场噩梦。在两年中，我们收到的唯一一次报价，比我们准备出售房子的价格低了数十万美元。

我知道，如果我能坚持足够长的时间，市场最终会回暖。最后，我买下了丹在这处房产的份额，也因此，我未来大部分财务安全都与这座房子紧密相关了。这一点也让我痛不欲生。作为一个有自己生意的单亲妈妈，我不可能获得抵押贷款。没有任何大的或小的贷款机构愿意接近我，尽管我的房产很值钱，我的生意也在逐年大幅增长，但银行的底线是，我是一个单亲妈妈和小企业主，风险太大了。

作为单亲妈妈，我面临着很多困难，在此我也要为每一位把孩子放在首位的女性鼓掌，即使面对如此根深蒂固和制度化的歧视，大家也在尽最大努力，每天坚持工作。

最终，我的抵押贷款经纪人设法筹到了一笔利率高于住宅市场利率的贷款，这使我能够买断丹在房产中的份额，让孩子们继续住在我们过去的家里。

我在那所房子里又住了两年，独自支付着巨额房贷，这让我在经济上十分拮据。在此期间，房子一直挂在市场上待售，总共有三对夫妇来看过房。我的还贷压力非常大，而且这个阶段我没有融到资的可能，就因为我是小企业主性质的单身母亲。但我给自己打气，坚信市场会转好，我只需要坚持到它转好的时候。房子最终还是卖出去了，真是不可思议。

丹病得很重，住进了医院。丹生命的最后几天，我们每天都出入医院。那段时间对我们的情绪和身体造成了极大影响。丹去世前两天，我接到房地产经纪人的电话，有一对夫妇想看看我们的房子，他问能否那一周带他们过来。很显然，这不可能。我向他解释了我们的情况，中介人很好，尊重而且友好地表示理解。丹去世一周后，我想是葬礼的前一天左右，中介又打来电话。他非常抱歉地说，那对夫妇还是非常渴望看看房，能否让他们过来看一下？他承诺会很快，我不需要清理或以任何方式展示房子和花园，尽管当时那里一团糟。花园里的草长到了大腿高，每个可用的台面都摆放着花瓶，以纪念丹的去世。厨房里放着装满食物的篮子，地板上和篮子里堆满衣服，到处都是狗毛，一切都很糟糕。

现在回想起来，我真不敢相信，我竟然答应了那次看房。我当时惊魂未定、悲痛欲绝，我想我之所以答应，是因为我当时已经疲惫不堪，根本不知道该怎么拒绝。

但答应之后，我却生起自己的气来。我到底怎么了？竟会在丹葬礼的那一周接受看房？

所以，当中介到达时，我不想给这个我所知道的最好的房地产经纪人好脸色。我明确地表达了我的立场：他们只有15分钟看房时间，除非是出价高得离谱，否则我不会考虑任何报价。此外，我想要6个月的腾房期，因为我的女儿正处于高中最后一年，孩子们刚刚失去父亲，30天内我不考虑搬家，避免孩子们受到更多伤害。

可怜的中介。

我和女儿狼狈地离开了混乱的家,带着狗去了公园。我们等待着15分钟后的电话,告诉我们,那对夫妇对房子不感兴趣,我们可以回家。但那通电话并没有打来。

40分钟后,中介打来电话,我们拿到了一份高得离奇的报价。他们很高兴能在6个月内搞定房子,并希望当天就签合同。

清理那栋房子的过程真是令人难以置信。我和孩子们把它当成了私人粉碎室,在扔进那个巨大的垃圾桶之前,我们先用大锤砸碎了所有物件。我们砸了冰箱,因为它太大了,无法搬到新房子里。我们还砸了旧电视、书桌、椅子、桌子、衣柜……不管是什么,只要大到可以砸碎,我们就砸,真是个了结的好方法。邻居们一定被吓坏了。那感觉真棒。

清理杂物是我一直痴迷的事情,这也是它出现在我的人生清单上的原因。

目标类型
小目标

篇章 生活方式与环境　　　　**截止日期** 持续开展

阻力
害怕孩子们对扔东西生气。

我最看重什么
1. 我的孩子们。这很简单,让他们参与到清理中来,没有他们的同意,任何东西都不会被扔。一旦他们找到大锤,并意识到他们可以砸碎任何可以被扔掉的东西,那就大功告成。
2. 一个宁静、极简的生活环境,让人感觉美丽而舒心。

3. 不再有购物渴望（因为以后都会被扔掉）。

啦啦队

我的孩子们

重新调整的目标

我主动保持着一种心态，除非绝对必要，否则不购买任何东西。我减小了我们的居住面积，这也意味着减少了大量的财物。这是一个正在进行的工作，有时会突然发现一些东西，我真想知道它们到底是从哪儿来的。车库里还有些我甚至都不知道的东西，难道这些东西就这样一直存在着吗？哪些地方可能会回收这些东西？我已经向 Goodwill（慈善二手店）捐赠了数百本书，还捐赠了衣服和有用的家庭物品。如果我不再需要某样东西，我就不留着它了，我对这些物品的感性依恋已经大大减少。

迈出一步

1. 寻找垃圾桶租赁，尽量在当地寻找。
2. 锁定在日历中。
3. 也锁定在孩子们的日历中，确保他们有空来帮我。
4. 找到大锤。

庆祝

用大锤庆祝！

认可成长与吸取教训

1. 如今我意识到，没有什么比扔垃圾更让我高兴的了。我现在可以随意丢弃那些不再带给我快乐的物品。我要加倍努力做更多这样的事情，从一开始就不积累"东西"。从现在起，我要把钱花在经历上而非"东西"上。

2. 回顾那段日子，我有时会想，我们是如何在爱、支持和希望中挺过来的。

表达感恩

1. 很庆幸自己有勇气和谋略坚持持有那套房子，直到市场转好，并卖出一个好价格。
2. 很感恩，生命中如此糟糕的时期已经过去。
3. 很感恩我卖掉了那所房子，我和孩子们可以重新开始。
4. 很庆幸能住在一个更小的房子里。
5. 很感谢我的物品变少了。

D 代表跳舞

我将按自己遵循的规则跳舞，完全放松，不在乎谁在关注、评判，或对舞池里那个疯狂的女孩（指我本人）翻白眼，因为人生如此短暂。

E 代表赋能自我，过上富有设计感的生活

目标　赋能自己（及他人，参见"I 代表点亮女性"），创建人生清单并过上自己设计的生活，这让我充满激情，我希望分享这样一个信息：自私一点没关系，感觉非常美好。

反思

创建自己的人生清单一直让我充满激情。我很高兴自己到了这个智慧和皱纹并存的年龄，拥有设计自己生活的时间、空间、财富和动力。

目标类型

大目标

篇章　健康与幸福，财富，探险，成长，奉献，人际关系，生活方式与环境　　　　**截止日期**　现在

阻力

1. 害怕失败。
2. 害怕别人认为我自私。
3. 害怕曝光，害怕把自己的个人故事公之于众。
4. 害怕被拒绝。
5. 害怕两极分化。

我最看重什么

1. 活出精彩人生。
2. 我的孩子们，成为他们的榜样。

3. 我的客户，一个激励我，我也想去激励的女性社群。
4. 我的真实，以及拥有它。
5. 帮助他人。希望我正在进行中的人生清单之旅和我的故事能够引起共鸣，帮助女性认识到她们并不孤单，可以分享真实想法和感受，可以变得自私一点或者至少不那么无私一点。

啦啦队

你们

重新调整的目标

我正怀着激动、活泼和喜悦的心情，积极践行我的人生清单。我将大目标、小目标和当下目标完美地结合在一起，每年至少实现一个大目标，继续在我的博客中写下并分享我的心路历程。赋能自己设计人生，这无人能替代！帮助世界各地的女性过上自己设计的生活，这让我感到兴奋和激情满满。在这样的生活中，她们也能把握当下，活出绽放的人生。

迈出一步

1. 创建人生清单。
2. 选择目标。
3. 锁定截止日期。

庆祝

在过去五六年困难重重的日子里，人生清单的写作成为我生存和成长的庆祝形式。我每天都在庆祝，因为我有孩子、父亲、姐妹、事业、健康和朋友。生活是美好的。

认可成长与吸取教训

1. 我是一个坚强、有韧性、自信的女性,只要下定决心,我就一定能做到。
2. 我拥有自己设计的精彩人生。
3. 人生苦短,我决心按照自己的意愿大胆生活。
4. 让自己和其他女性过上最美好生活的决心也许不会吸引所有人,但这没关系。

表达感恩

1. 感谢自己的坚韧、勤奋和想做就做的生活态度。
2. 感谢你决定和我一起踏上这段旅程。
3. 永远感谢我自己设计的人生。

E 代表富足

并且知道什么时候的富足是真正的富足。

F 代表财务

目标　全面理解我的财务状况。

反思

在丹告诉我他想离婚后没几天,我参加了一家大银行的商务会议,为我的业务争取到一个项目机会。接待我的是一位可爱的女士,她把我领到一间会议室,会议室四面都是玻璃墙,墨尔本的美景一览无余。

我们寒暄了几句,我夸了夸窗外的景色,她问了我一个可能是最无伤大雅的问题,"你好吗?"

我顿时泪如泉涌。

我泣不成声,非常难堪。但她真的很了不起,她从椅子上站起来,递给我一盒纸巾,然后把每一面有缝隙的玻璃墙上的百叶窗放下,以保护我不被外人看到。

一个简单而亲切的关于近况的问题,让我的痛苦、恐惧和脆弱如此近距离地暴露出来,我有些失控,我告诉她发生了什么。但实话说,我不太记得我们当时谈话的内容了,只记得我说了一句至今记忆犹新的话,那就是,"我甚至不知道怎么开银行账户"。

那天后,我换了一家银行,这是我 23 岁以来第一次为自己的财务负责。

这位了不起的女士现在是我最亲爱的朋友之一。那天她的同情心、关心和无私是她最美好的特质,每次见我我都能从她身上感受到这些特质,她就是这样的人。我们有缘见面,虽然尴尬,但却是一份礼物,它改变了一切。

在婚姻和伴侣关系的分工中,我和丹发挥着各自的特长。财务从来不是我的强项或兴趣,所以我把财务责任留给了我的丈夫。我们一直都有共同的银行账户和投资，尽管他一次又一次地耐心向我解释，并让我参与我们的财务处理，但我根本不感兴趣。我们都拥有很好的收入，我们生活得很好，在这以前财务不是我需要考虑或担心的事，如果真想要，从来没有什么东西得不到。

但分居后，我才意识到自己有多么莽撞。如果丹不是一个善良公正的人，我的冷漠会让我付出很大的代价。我完全不知道我们有多少钱，钱在哪里，抵押贷款的还款额是多少，我们的财务和投资结构是怎样的，我们为他而不是我的养老金和人寿保险缴纳了多少钱，海边的房子是如何与我们的住所捆绑在一起抵押贷款的，账单是多少，什么时候需要支付……而这仅仅是我们的个人财务状况。在公司业务方面，除了寄送发票、确保账单被支付，然后在财政年度结束时将所有账单交给会计师之外，我从未对我的业务财务状况产生过一丝一毫的兴趣，我完全不关心。

我至今仍对自己的漠不关心和无知感到愤怒。

但是，在我的银行经理（现在是我最好的朋友）和会计师（现在也是我最好的朋友）这两位了不起的女士的耐心帮助下，我从那个坑里爬了出来，越来越懂财务知识，而且还在进步中。

这一目标之所以被列入我的人生清单，是因为它提醒我和你，我们根本不知道生活会抛给我们什么样的挑战，在人生中做好财务规划有多么关键。

目标类型

大目标（把它当作大目标，是因为我发现财务学习的曲线很陡峭，挑战很大）

篇章　财富，成长　　　　　**截止日期**　进行中

阻力

1. 缺乏知识，我的内心一直这样暗示自己，我不擅长数学，我不懂数字。
2. 害怕不得不结束我自己的业务，回到企业打工。

我最看重什么

1. 我的孩子们,为他们提供稳定的生活和未来。
2. 我的孩子们,时间灵活,可以根据他们的需要确定自己的工作时间。
3. 我的独立性。
4. 我的事业。
5. 我的客户和工作。

啦啦队

鼓励我了解数字的那些女性

重新调整的目标

积极了解自己的财务状况,拥有满满的财务知识。定期参加研讨会和在线课程,以提升我的财务敏感度。为自己和企业投资进行财务方面的咨询。制订个人财富计划,每季度与我的财务顾问见面,复盘我投资和管理的超级基金。每六个月与会计师见一次面,讨论我的业务财务状况,并为未来六个月制订计划。每年我都缴纳顶额的养老保险,知道如何阅读利润报表,每周检查三次,并积极管理支出和收入。有家庭预算,记录所有支出,以便进行前瞻性规划。随时了解自己的财务状况。我还制订了退休计划。如果有不懂的地方,我不会装懂,我会不断提问,直到弄懂为止。

迈出一步

1. 勇敢地放下戒备,承认我不知道的知识。
2. 寻求专家帮助。
3. 在日程表中为财务学习安排批量、专门的时间。
4. 每个月锁定截止日期,以保持掌控。

庆祝

这里有多层次的庆祝，包括与出色的银行经理和美丽的会计师之间持续的友谊。更重要的是，积极倡导我的朋友、业务同事和客户优先考虑他们的财务知识，这对我来说真的很重要。现在我已经掌控了自己的财务状况，这让我倍感欣慰和满足。

认可成长与吸取教训

知识就是王道。

表达感恩

1. 感谢生命中那些拥有财务知识的优秀女性。
2. 感谢丹，感谢他一直打理我们的资金，以及对我的耐心指导。
3. 感谢自己终于花时间进行财务学习。
4. 感激我能读懂利润报表。
5. 庆幸自己拥有财务安全。
6. 庆幸自己优先投入资源，聘请专家帮助我进行财务规划，为我的未来做好准备。
7. 感谢自己能够保持不断学习。

F 代表专注

我会专注于让我快乐的事情。

我会专注于心理健康。

我会专注于身体健康。

F 代表商务舱

我会乘坐飞机商务舱,哪怕只有一次。

F 代表友谊

我会珍惜和呵护它们,而不再像过去那样忽视它们,我不会让自己三心二意。

F 代表健美

作为一名50岁左右的女性,健美、健康、活跃,拥有强健的肌肉和骨骼非常重要。

F 代表宽恕

我会真心宽恕。不是因为你没有伤害过我、我是个好人、对你的教训心存感激、你值得原谅、想得到你的喜欢或担心因果报应,只是因为我已经没有多余的时间了,我不想再浪费时间让你占据我的脑容量。

F 代表家庭度假

无论孩子多大,我都会坚持,因为我喜欢和孩子们一起度假。

G 代表杰出女性社区

目标 为了配合本书出版,我将开办一个由志同道合、决心活出最佳人生的杰出女性组成的社区。

反思

时间属于有限资源,如同财富一样宝贵,应该被投资到回报率最高的地方。我每天都会问我的客户和听众这样一个问题,你到底想把时间投在哪里?

过去十多年来,我一直在分享我的专业知识,教人们如何发现并利用好每个月超过 30 小时的"丢失"时间。越来越多的客户正在重新掌控自己的时间,期待接下来的学习——如何利用好这些时间设计完美的生活,而不是去处理更多的电子邮件,或多洗 20 次衣服。

在过去几年的人生中,创建人生清单和策划人生的理念得到了很好的诠释,我已经设计出了自己的完美生活,而且非常棒。

这本书,就是要激励其他人也这样做。

对我来说,帮助尽可能多的女性设计完美人生非常重要。在与女性朋友和客户们的讨论中,我们一再提到,我们都希望找到一个志同道合的女性社区,一起开启新的人生篇章。我想帮助创建和发展一个这样的社区。

目标类型

大目标

篇章 健康与幸福,成长,奉献,人际关系,生活方式与环境

截止日期 2023 年 4 月及以后

阻力

1. 害怕失败。
2. 如果没有人愿意与我一起奋斗怎么办?

我最看重什么

1. 我的真实,并拥有它。
2. 帮助他人,希望我正在进行的人生清单之旅和我的故事能够引发共鸣,帮助其他女性认识到她们并不孤单,分享自己的真实想法和感受没有问题,自私一点或至少少一点无私也没有关系。有机会帮助尽可能多的女性认识到,她们可以过上自己设计的生活。这就是我的驱动力,它是如此强大,以至于这个目标没有任何阻力。
3. 继续过最好的生活。
4. 挑战自我,突破舒适区:从人生清单中我知道,害怕失败是我反复出现的恐惧。但我越是致力于人生清单,越是将自己逼出舒适区,就越意识到自己对这种恐惧的关注在减少。说实话,最糟会怎样呢?对我的书和风格产生共鸣的女性将加入志同道合的女性社区,没有共鸣的女性不加入也没有关系。

啦啦队

我的家人、我的业务责任女孩,还有最重要的——你们。

重新调整的目标

让我们大干一场!2023年4月,我的新书已经隆重上架!作为上市前营销策略的一部分,我预售了5000多册,这意味着本书在上市当日即成为畅销书。第一季度,我已售出15000册,到2023年12月,我已售出100000册,也意味着我已激励100000名女性创建自己的人生清单,过上有设计感的生活,活得精彩纷呈。到 2023 年 4 月，我的人生清单小组也已建立并准备就绪。我积极关注着网页动态，因为听到成员们的故事会让我收获满满，让我更有动力继续帮助她们过上自己设计的人生。到 2023 年 12 月，网页将拥有 10000 名成员。是的! 我还能定期通过电话直播、活动和我的课程与你们见面。你们可以通过电子邮件和网络与我联系，分享你们的人生清单和最新成果，你们的动力会帮助我保持自己的动力，我们同舟共济。

迈出一步

1. 绘制本书的概念图。
2. 思考章节、流程和故事。
3. 创建字数表和挑战目标：每天 1000 字!
4. 锁定截止日期。
5. 联系出版社。
6. 绘制营销方案思维导图。

庆祝

继续过最佳人生，并与你们一起庆祝，祝大家都过上最佳人生。

认可成长与吸取教训

1. 这是我的第五本书，也是迄今为止最容易写的一本书，简直是文思泉涌。
2. 我给自己设定的目标是 30 天内写完 30000 字，结果产量翻了一番，显然我有太多的话想说。知道自己习惯于早起，于是在连续六周的日程表里，我每天都安排了整块时间进行晨间写作。当我用行动证明了自己的时间投资策略，我非常满足。
3. 这是首次写我的婚姻破裂和丹的去世。我是一个非常注重隐私的人，所以这个话题对我而言很具挑战性，需要在分享时把握好微妙的界限，确保孩子们能接受我所写的内容。孩子们很棒，给出了反馈和一些编辑意见，这引发了我和孩子们的美好讨论，他们回顾了过去，还讲了很多关于他们父亲的有趣故事。对我而言，与你们分享这些也是一种释放。
4. 我衷心希望，与你们分享这个故事对你们过上最佳人生有帮助。

表达感恩
1. 深深感谢你们。
2. 感恩孩子们无条件的支持。

G 代表里程碑目标

设定目标,实现目标,再设定更多的目标。

G 代表长颈鹿

还有老虎、狮子、角马、大猩猩、猩猩、树懒、巨嘴鸟、北极熊、火烈鸟、独角鲸、河马、犀牛、大象、海鹦、企鹅、斑马、大熊猫、狐猴和狒狒,以及所有我想在它们的自然栖息地看到的动物。

G 代表坚韧

我坚强果断,勇于探索。

G 代表学习与成长

我将始终保持成长心态,反思我所学到的东西,这也是我将其纳入"把握当下"框架的原因。

G 代表感恩

我会每天积极践行,这也是我将其纳入"把握当下"框架的原因。

H 代表徒步

目标 至少每年进行一次具有挑战性的徒步探险。

反思

我已经在世界各地进行了许多单日徒步旅行,以及在澳大利亚、美国、英国、意大利、西班牙、法国、奥地利和波兰进行的一些多日徒步旅行。我想要进行更多徒步旅行,走进大自然,远离电子设备,继续挑战自己,尝试更具挑战性的徒步路线。

2022年,为了践行我的人生清单,在澳大利亚中部西麦克唐纳山脉223千米的拉拉平塔路线中,我选择了其中130千米作为我的徒步大目标。无论是在身体、情感还是心理上,这次经历无疑比我想象或准备的要困难百万倍,对我而言,这就像是《幸存者》《特种空勤团》和《饥饿游戏》的结合。

徒步旅行网站将这条徒步路线评为"史诗级",实际就是指超级艰难。网站上还包含了其他明显提示,比如这样的话语:"徒步涉及每天7~12小时的极具挑战性的行走,穿越崎岖的地形和山脊,上山和下山都非常陡峭。"

但问题是,就像分娩经历一样,艰苦徒步旅行经历的时间越长,获得的体验价值就越大,我也越有可能再次尝试,真是奇怪。

我称之为"潜在乐趣",一个徒步同行伙伴称之为"第二类乐趣"。

目标类型

大目标

篇章 探险,生活方式与环境,健康与幸福 **截止日期** 每年

阻力

(未来的徒步旅行中可能会遇到与拉拉平塔路线类似的阻力)

1. 害怕在荒郊野外受伤，导致不得不在锡箔毯下度过寒冷的夜晚，然后被空运出来。
2. 害怕 EOMB（early onset mud bum，意思是"早起的脏屁股"。这是个非常现实的问题，意味着每天都会有一些粪便残留，因为没有淋浴设施……）。
3. 害怕身体不能适应。
4. 害怕我的脚、背部和整个身体垮掉。
5. 害怕蛇。
6. 害怕蜘蛛。
7. 害怕脱水。
8. 害怕精神不够强大。
9. 害怕无法完成。
10. 害怕跟不上队伍，第一晚就在岛上被淘汰出局。

我最看重什么

1. 身体和精神上的自我挑战。
2. 世界上美丽而偏远地方的经历。
3. 做一些只为我自己的事情。
4. 写下自己的经历，激励他人过上有设计感的人生。
5. 时不时暂停忙碌的生活，下车看看风景。

啦啦队

我的孩子们

我的爸爸

我的姐妹们

我的徒步伙伴们，说实话，如果没有他们，我真不知道每次徒步该如何完成。

重新调整的目标

每年计划并享受至少一次新的多日徒步活动。我会把徒步地点、距离、负重、徒步公司提供的支持程度以及挑战艰巨性结合起来考虑。有些徒步旅行是奢华的,有一些能得到完全支持或部分支持,还有一些是带着地图和指南针与一两个徒步伙伴一起完成的。目标地点包括:

- 澳大利亚:
  - ◆ 拉拉平塔路线(The Larapinta,完成于 2022 年 5 月)
  - ◆ 三海角步行道(The Three Capes,完成于 2022 年 10 月)
  - ◆ 跨陆徒步径(The Overland Track,完成于 2022 年 11 月)
  - ◆ 大洋徒步(The Great Ocean Walk)
  - ◆ 卡卡杜(Kakadu)
  - ◆ 弗雷泽岛(Fraser Island)
  - ◆ 角对角徒步道(Cape to Cape)
  - ◆ 班古鲁班古山脉(The Bungle Bungles)
- 南美洲:
  - ◆ 印加古道(The Inca Trail)
  - ◆ 菲茨罗伊步道(Fitz Roy Trek)
  - ◆ 托雷德裴恩国家公园(Torres de Paine)
- 尼泊尔:
  - ◆ 安娜普尔纳大环线(The Annapurna Circuit)
- 格陵兰岛:
  - ◆ 北极圈步道(The Arctic Circle Trail)
- 欧洲:
  - ◆ 卡米诺·普里米蒂沃步行道(Camino Primitivo)

- ✦ 意大利多洛米蒂高路（Dolomite High Route）
- ✦ 土耳其利西亚之路（Lycian Way）
- ✦ 冰岛步行道（Iceland Trail）

迈出一步

对于拉拉平塔路线以及我进行的所有徒步旅行，以下是我通常采用的典型步骤。

1. 研究从事徒步旅行的专业公司。
2. 说服一位伙伴和我一起徒步，因为我太害怕独自徒步了。
3. 找到合适的日期。
4. 锁定时间。
5. 研究并采购我需要的装备。
6. 研究急救问题。

庆祝

完成拉拉平塔路线后，我整整两周都感到极为疲惫，眼睛和脸肿得就像被蜜蜂蛰了一样，我真的不太清楚这是怎么回事。一回到艾利斯斯普林斯的酒店房间，我就瘫坐在淋浴间的地板上，擦掉身上的沙尘，洗完头，从浴室爬到了舒适无比的床上。后来，我们还喝了杯葡萄酒，早早地吃了晚餐，然后倒在床上，连续睡了整整10个小时。

认可成长与吸取教训

1. 拉拉平塔路线岩石非常多。走过、看过、坐过、攀爬过、绊过、摔过的路上几乎85%都是……岩石。这些岩石非常壮观，是地球上最古老的岩石之一，距今已有2000万年的历史。
2. 每次徒步时，我都会摔倒。
3. 不要在星空下睡觉，除非你想让老鼠在你脸上乱窜。

4. 网评"史诗级"的徒步旅行不适合胆小鬼，也不适合担心摔倒的菜鸟，或那些不希望摔倒和意外发生的人。
5. 每晚都要抖抖睡袋，否则会有蜘蛛依偎在你身边。
6. 当你需要在野外小便时，不要蹲在菠菜草上，这种草不是柔软的，而是带有硬如钉子、尖如箭头的倒刺，如果不幸刺进你的屁股，不仅非常疼，而且很难取出来。在这一点上，请相信我。
7. 为了看到地球上最迷人壮观的日出，需要凌晨一点半出发，头戴手电筒，在黑暗中爬山 4 个小时，但绝对值得。
8. 虽然想念我的孩子，但我并没有花太多时间去担心他们是否安好。我知道他们是聪明、足智多谋而且坚韧的年轻人，偶尔没有我在身边，他们也能做得很好，而偶尔没有他们在我身边，我也能泰然处之。是时候退后一步并放弃一些控制了，让他们自己解决问题。我们经历了几年非常艰难的时光，但我们都会没事的，这对他们和我都有好处。
9. 毫无疑问，这是我经历过的最艰难的身体、情感、心理和精神挑战。说真的，与之相比，滑雪简直是小菜一碟。我没有在岛上被淘汰，我为自己取得的成就感到无比自豪。
10. 潜在乐趣（或第二类乐趣）是一件美妙的事情。
11. 我毫不怀疑自己可以做到任何事情，只要我下定决心。我足够强大，也足够坚强，真的。
12. Fixamol 比创可贴更适合处理水疱。
13. 能从持续不断的手机和笔记本电脑工作中解脱出来，真是太好了。这一周的大部分时间，我都让大脑只为自己思考，我决定在这个地方好好地放空自己。虽然很不情愿重新连上 Wi-Fi，但在徒步旅行结束的那个下午，为了确认孩子们还活着，同时也是因为抑制不住与他们分享消息的强烈渴望，我给家里打了电话，告诉他们，妈妈是一名硬核特种兵摇滚明星。当他们告诉我，他们多么为我感到骄傲时，我忍不住哭了，陶醉在他们的钦佩中。

14. 我向丹道别，他是一个勇敢的人，还未年老就输给了癌症。我想念他，我向他承诺，会继续做孩子们最好的妈妈。
15. 最重要的是，我把自己、我的需求和我的人生清单放在了首位，没有任何负罪感，这非常好。我绝对有资格过上非凡、精彩、绽放、无拘无束的人生，一种更自私一点的生活，这就是我计划要做的。

表达感恩

1. 为自己的健康感到庆幸，虽然左膝受伤，一瘸一拐地冲过了终点线，但我的背部完全没有问题。
2. 感谢自己的幽默感，因为在拉拉平塔徒步旅行中，不是所有的地方都有趣。
3. 感谢在徒步旅行中结交的新朋友，感谢在徒步旅行中深化的伙伴友谊。我现在经常与一位徒步新朋友一起旅行。
4. 感谢陪伴我们的徒步旅行公司，以及为我们提供支持的两位充满热情、知识渊博、才华横溢的徒步导游。
5. 对学到的新技能心存感激，比如搭建帐篷。
6. 庆幸自己没有遇见蛇。
7. 庆幸自己在巨大的诱惑面前，只是休息了一天，而没有放弃。
8. 感恩自己生活在一个非凡的古老而美丽的国度。
9. 感恩这片土地的所有者允许我们进入。
10. 感恩重新被点燃的徒步热情。
11. 感恩自己在精神和身体上比我想象的更强大。
12. 感恩自己拥有时间、金钱和独立性，可以按照自己的设计过上壮丽和绽放的人生。

H 代表哈利·波特的世界

我非常喜欢哈利·波特，我很想去哈利·波特的世界。请告诉我，你是否也想和我一起去？

H 代表亨利八世

我对这段历史非常着迷，喜欢阅读相关书籍，并希望继续探索。

H 代表帮助

当我需要时，我会寻求帮助。即使没有被要求，我也会提供帮助。

代表沉醉在意大利

目标 我将住在意大利，并完全沉浸在其神奇的文化中。

反思

我爱意大利。22 岁那年，我周游欧洲时，在科莫湖边的一家青年旅社生活和工作了四周。我和朋友住在梅纳基奥的一套公寓里，我们的工作就是每天协助提供早晚餐服务和清洗床单。一天中的其他 10 个小时，我们可以爬山、在湖里和河里游泳、搭便车往返瑞士一日游、骑山地车、吃冰激凌，那是多么令人愉快的时光。后来，丹和我在有孩子前也一起在意大利度过假，2011 年，我们一家三口还在那里度过了 11 周的时光。我想在某个古老的小镇安顿下来，边吃边玩边学意大利语，来一两段炽热的意大利之恋。哦，当然，还有工作，这就是我全部的想法。

目标类型

大目标

篇章 健康与幸福，探险，成长，人际关系，生活方式与环境

截止日期 2024 年 5 月？

阻力

1. 害怕失败。
2. 害怕别人认为我自私。
3. 害怕影响到我的业务。
4. 想念我的孩子和家人。

我最看重什么

1. 活出绽放的人生，不留任何遗憾。
2. 好奇、学习、体验不同的文化。
3. 意大利面。

啦啦队

你们

重新调整的目标

现在是 2024 年还是 2025 年？我能够用意大利语进行真正的对话。多年来，我曾三次尝试学习意大利语，这次我终于做到了。

虽然我的意大利语还远未达到流利的程度，但可以很好地应对生活。我住在乡下一个可爱的小村庄里。由于我购买的面包量惊人，我和当地的面包师成了朋友，他又把我介绍给了所有的当地人。这个美丽的地方展开怀抱欢迎我，让我融入它的生活节奏。我结识各个年龄段的朋友，被文字、建筑、艺术、美食和文化环绕，美得让我觉得自己永远不会离开。哦，我的孩子们下周就要来了，他们还说服我爸爸也一起来。

迈出一步

庆祝

认可成长与吸取教训

表达感恩

J 代表 1 月

目标　为当年选择一个词语。

反思

至少在过去五年里，每年 1 月我都会宣布一个新词，作为激发我这一年的方向、重点和能量的词。每当我发现自己偏离轨道、失去重心或感觉平淡时，我就会用这个词提醒自己，因为它能帮助我消除杂音的干扰。

目标类型

小目标

篇章　健康与幸福，成长，生活方式与环境　　**截止日期**　每年 1 月

阻力

没有，这很有趣。

我最看重什么

自主与选择

啦啦队

每个人。我会分享我的年度词语，也期待收到你们分享的词语。

重新调整的目标

现在是 × 年 1 月，我已经确定了今年的目标，我也选中了一个词来支撑我，确保我在一整年中始终如一地专注行动。今年我的关键词是……

第四章　我的人生清单

迈出一步

1. 设定与年度业务规划相吻合的截止日期,思考一个最能概括我希望本年度如何发展的词。
2. 常常会有一个词突然在脑海中蹦出来,我知道,就是它了。
3. 如果没有出现这种情况(通常会出现的),那就采取一些不同的选择。
4. 列出可能的备选词语名单。
5. 端坐于名单前,直到合适的词脱颖而出。

庆祝

当锁定了这个词,与我的业务责任女孩分享。

认可成长与吸取教训

1. 2022年,我的关键词是"不费劲"。这一年,我的工作、与周围每个人的互动、梦想、目标、重点、方法,包括写这本书,都是为了轻松。这并不意味着我的这一年不努力或没有挑战,只是意味着我的目标是这一年不要太费力。对我来说,在经历了5年的挑战之后,这一年是我更多休息、恢复和反思的一年。
2. 在过往的几年里,我选用过"成长""巩固""努力"等词来设定我的年度目标。
3. 2023年,我的目标是"拓展"。拓展我的个人生活和成长,拓展人际关系,继续放下遗留的包袱,拓展事业、幸福、视野和人生清单。上帝啊,这个词感觉真好。

表达感恩

1. 庆幸我拥有自主权和选择权。
2. 感恩每年1月以这样的方式设定目标,确实很有效。很多次,当用这个词提醒自己时,我都能回到正轨。

J代表喜悦

经常体验快乐。

J代表旅行

享受旅程,女士。

K 代表知识

目标　保持终身学习。

反思

我和一群女伴在霍巴特度过了非常充实的一天，回来的路上我打了一辆优步车。这是在"是的"探险之前的事了，但它确实让我大开眼界，了解到一天之内可以做这么多的事。我们早早起床，游了个秋泳（因为霍巴特是通往南极的少数几个门户之一，那个地方的寒冷对我来说达到了一个新的级别），在码头吃完早餐后，开车到乡下的一家葡萄酒庄享用午餐，再静静地睡个午觉，接着参加一个艺术展的开幕式，在啤酒花节上跟着街头乐队一起跳舞，然后再开车回到城里。累倒在优步车里之前，我们还在一家豪华餐厅享用过晚餐，喝了鸡尾酒和红酒。

朋友们在车的后座上笑谈着一些滑稽的事情，回忆着一天的点点滴滴。而我呢？在前座与优步司机聊着他的商业模式。

我喜欢了解别人，以及他们的生意、工作和生活。

之所以把这一条列入人生清单，是因为我永远保持着对知识的渴望。好奇心没有杀死猫，反而帮助我茁壮成长，塑造了更完美的人生。

目标类型

小目标

篇章　成长　　　　**截止日期**　每年10月

阻力

疲劳，以及有时自满。

我最看重什么

1. 保持好奇。
2. 建立人际关系。
3. 学习新思想，创造新机会，探索和获取新内容。
4. 分享自己的知识。
5. 成长。

啦啦队

你们

重新调整的目标

我将获取、增长和分享我的知识。我拥有一位咨询顾问，为了推着我突破舒适区，他一直为我提供观点和工具，并挑战我的思维，帮助我实现了业务增长的最大化。我会通过参加业务课程学习、出席各种活动、参与有趣的对话、保持好奇心和大量阅读，积极地获取知识。我将慷慨地与客户、杰出女性社区、业务责任女孩、我支持的慈善机构和组织、我撰写文章的刊物以及我辅导的人分享我的知识。我还会专注于个人成长，对灵性、换位思考、理解不同文化、了解他人以及他们的特质充满好奇。我喜欢获取知识。

迈出一步

1. 提出问题。
2. 每天学习新知识。
3. 让倾听多于表达。
4. 与智者为伍，让优质图书和学习机会围绕在自己身边。
5. 经常尝试不同的事。

庆祝

反思所学的知识,并与他人分享新知识。

认可成长与吸取教训

每天都处在学习中,这个目标本身就很让人满足。

表达感恩

1. 感谢自己是一个充满好奇心的人。
2. 感谢人们慷慨地与我分享他们的知识。
3. 庆幸我是一个饥渴的阅读者。

K 代表凯特

当然！把握当下，绽放人生。

K 代表孩子们

因为他们是我生命中最重要的人。本书是关于我的人生清单，以及如何设计最佳人生。我的最佳人生包括孩子们和他们的幸福，我会一直陪伴他们，我可以为他们放弃一切，永远在他们的轨道上。但我知道，他们需要我积极陪伴的次数比以前少了……这会让我拥有更多关于"K 代表凯特"的机会。

L 代表新的爱情

目标 我希望找到新的爱情，那种生命中的挚爱，而不是平淡的、仅仅填补空缺的情感。

反思

思考下面的阻力和写下我最看重的东西，给了我很大的启发。它让我意识到，作为一个拥有完全自主权的单身女性，我非常幸福。我可以决定自己的一切，无须听从他人意见或妥协，这对我来说非常宝贵。

我创建了了不起的蓬勃发展的事业。不仅在经济上有保障，也让我自己很独立，不需要穿着闪亮盔甲的骑士来拯救我。我已经能自救了。

人生中，有一群有趣、聪明、全心投入的家人和朋友支持我，我并不孤独。

如果还能与某人来一场无法呼吸、神魂颠倒和令人颤抖的性爱，那绝对是一件美妙而又丰富的体验，但说实话，我并不需要陷入这样的爱情。

性爱和让别人接触我的身体并不是我所能给予的最珍贵的礼物。我能给予的最珍贵的礼物是你可以无条件且自由地进入我美丽的脑海、思想和情感，拥有我坚定的支持、忠诚和激情，接受我的感受和观察。而要赢得这些，你必须真的与众不同。

说出这些让我意识到，虽然陷入爱河会很美好，但我需要的是对的爱情。很简单，我不准备为其他类型的爱妥协，就这样。

目标类型

大目标，一旦实现，将是宏大、美妙和有影响力的。同时也是一个小目标，因为我根本不打算去找寻它，它会找到我的。

篇章　健康与幸福，探险，奉献，
　　　　人际关系，生活方式与环境

截止日期　无截止日期

阻力

天哪，从何说起？

1. 害怕被拒绝。
2. 害怕受伤。
3. 害怕别人知道我的事业。
4. 害怕出丑。
5. 害怕孤独。
6. 害怕欺骗。
7. 害怕背叛。
8. 害怕不被爱。
9. 害怕无法信任。

说真的，我还可以继续说下去，但就当下而言，我认为这些已经足够了。

我最看重什么

1. 看重我的独立性。我承认这对上述阻力没有帮助，但它确实让我洞悉我对人生的真正追求，帮助我确定我到底在寻找什么，以及我到底不应该对哪些事情妥协。
2. 珍视我的自主权，这对重新构思目标很有帮助。
3. 珍视被看重的感觉，如果我能被与众不同的人也当作与众不同的人，那将多么美妙。
4. 珍视旅行、体验和探险，如果还能与一位伙伴同行，就更完美了。
5. 珍视自己的价值。

6. 珍视一致性、诚实、信任、尊重和忠诚。我奉献，同时也希望得到回报。

啦啦队

你们

重新调整的目标

所以，我的"新欢"，我的伴侣和灵魂伴侣应该是这样的：你的诚实构筑了我们之间的信任。你的智慧、保护意识和同理心让我感到温暖。你总能逗我笑，你拥有动力、成功和独立性，同时也珍惜独处的时光。我们的价值观相似，你对家庭的重视让我感到亲切。你热情的抚摸，让我在你的怀抱中感到安全和受呵护。你花费了很多时间克服困难，负重前行。当你看着我和抚摸我时，我感觉到如此被需要，让我无法呼吸。你真心关心我的幸福，重视我的看法，并将我视为你最好的朋友和伴侣。你准备好了承诺，与我一起环游世界，享受属于我们的生活，并一同构建我们的伴侣人生清单。你高大伟岸，手指优美，让我心动不已。你的笑容和眼角温柔的皱纹都能触动我。你的善良让我感到被爱和珍视，我们互相支持对方的梦想，共同前行。

我非常期待与你相遇。

迈出一步

庆祝

认可成长与吸取教训

表达感恩

L 代表人生清单

已经完成的、不断完善的和有些狂野的。

L 代表学习

我有很多东西要学，我想知道如何做：

- 冲浪，也许我可以在巴厘岛试试？
- 滑板，不是特技，只是学会如何滑行。
- 拍摄精美的照片。
- 正确使用 Instagram（照片墙）。
- 用好我的客户关系管理（CRM）系统，这样我就知道该让虚拟助理做什么了。
- 正确地深蹲，以免背部受伤。
- 制作电视节目。
- 设计网络媒体。
- 停止过度分析。
- 识别别人是否在撒谎。
- 用手指旋转钢笔，我甚至不知道该如何描述，但当我看到别人这样做时，感觉非常酷。
- 触摸打字。
- 打响指。
- 编织，包括如何穿针。
- 画一个像模像样的鼻子。
- 阅读星座图。
- 阅读塔罗牌。
- 用正确的产品护肤。

- 做一个厉害的空手道踢动作。
- 跳萨尔萨舞。
- 正确地冥想。
- 正确地做拉伸。
- 关机。
- 找到我的核心价值并强化它。
- 找到我的臀肌并强化它们。
- 找到我的盆底肌,让它动起来。
- 最大限度地提高我的肠道健康,因为肠道堵塞会非常糟糕。
- 有效地跑步。
- 驾驶卡车。
- 编辑视频。

L 代表开怀大笑

每天都感到深深的快乐。我想笑到尿裤子。

M 代表马拉松

目标　跑一场半程马拉松，然后，甚至跑一场全程马拉松。

反思

40 岁出头时，我给自己定下了一个非常宽松的目标，50 岁前跑一场波士顿马拉松。当时我身体很好，也经常跑步，这似乎是个不错的目标。但后来，阻力升起，在我脑海里种下了一大片怀疑的森林：计划太难，路途太远，距离太长，这样的个人享受需要花费大量金钱，我需要请假，丈夫也需要请假，我们还需要让孩子们暂时离开学校，这太打乱生活了……

然后，生活占据了上风，这个目标最终没能实现。我很后悔，后悔到要为此做点什么。后悔的确能产生巨大动力，你觉得呢？

目标类型

大目标

篇章　健康与幸福，探险，成长　　　**截止日期**　2024 年？

阻力

1. 我的身体状况远远达不到比赛要求。
2. 一想到要跑那么远就觉得害怕。
3. 自从 20 年前生完三个孩子后，我的盆底肌就大不如前了。
4. 怕伤到背，我的背部有些不稳定，一旦受伤就不好玩了。
5. 差不多就这些，我不能再说时间、金钱、许可或其他任何阻力了，不能再让这些奢侈的借口妨碍我了。

我最看重什么

1. 实现极具挑战的目标,能够实现这个坚持已久的目标,我将为自己感到快乐和自豪。
2. 将自己逼出舒适区。
3. 我的事业,就像所有的大目标一样,这些经历为我提供了很多可以分享的内容。

啦啦队

哦,想象一下孩子们在终点线为我欢呼加油的场景吧!

重新调整的目标

今天是×年×月×日,我正在×地的马拉松比赛起点排队,这是一个迷人的早晨,很紧张,也很兴奋,我紧张得上了两次厕所。为此我已经准备了6个月,包括大量步行、徒步、个人体能训练,当然还有跑步,我一开始只能慢跑5000米,然后随着时间的推移逐渐增加距离。

我一直吃得很健康,主要是大量蛋白质和蔬菜。我制订了一个半程马拉松训练计划,并坚持下来了。几周前,我进行了一次10000米练习赛,以便体验比赛当天的状况(虽然我不是在比赛,但你知道我的意思)。

迈出一步

庆祝

认可成长与吸取教训

表达感恩

M 代表当下

世界上我最喜欢的字母,"M"代表当下、动能、里程碑时刻、"把握当下"框架以及让每一刻都过得有意义。

M 代表按摩

我的目标是每月至少享受两次按摩,或者每周一次。

M 代表摩托车驾照

我想获得这个驾照,这样我就可以在巴厘岛骑车旅行,并获得旅行保险。

N 代表我的新产品

目标　我会持续开发新产品。

反思
重要的是,我每年都会推出新的产品或服务,以保持业务更新,满足客户需求。保持新鲜感和趣味性对我的大脑很重要,这样我才能持续热爱我的工作,并不断成长。

目标类型
大目标

篇章　财富,成长,奉献　　**截止日期**　年度计划周期(10月)中完成设计,每年的第一季度实施

阻力

1. 害怕失败:卖不出去怎么办?不成功怎么办?客户不喜欢怎么办?出了问题怎么办?如果……怎么办?
2. 对疫情的恐惧——如果重启疫情封控怎么办?
3. 害怕被评判——让自己待在那里任人评说,这太可怕了。

我最看重什么

1. 帮助女性:希望尽我所能帮助更多女性。最喜欢听到客户和读者说,我以某种方式帮助她们设计并活出了最佳人生,这是对我的最大肯定。我喜欢看到你们活出丰盈人生,这简直太棒了。
2. 我的事业:这是我最看重的事项之一。从无到有,我为自己创造的业务以及

创建的模式感到自豪。在我人生最艰难的五年里，它是我的重心和生命线。这是一个每年为我的事业创造新产品的机会，太令人兴奋了。

3. 我的成长：将自己逼出舒适区。除非不断挑战自我，否则我永远不会真正快乐。

啦啦队

我的业务负责小组、顾问、家人和你们。

重新调整的目标

在 2023 年的最后一个季度，我举办了我的第一次人生清单研修会。

我将参加者限制在 8~10 位女性，以确保我能够关注到每一个人。当研修会门票在宣布后两个月内售罄时，我既紧张又兴奋。研修会持续了一周，参与者利用这段时间使用人生清单规划表创建了自己的人生清单。她们将"把握当下"框架应用于她们的人生清单，确定并完成了第一个大目标的制定，参与了一系列旨在增强她们的成长、知识、健康和幸福的活动，在活动中结交了新朋友，并建立了一个紧密的负责小组和啦啦队。我们都很喜欢这场研修会，这将是今后许多场中的首场。

现在是 2024 年 2 月，我刚刚推出了我的新产品 X……

迈出一步

庆祝

认可成长与吸取教训

表达感恩

N 代表在可能说"是"的时候说"不"

像老板一样说"不"。我经常说"不"。我会设定界限，以保护我的时间和精力，虽然在这方面我做得越来越好，但还有更大的提升空间。与"是的"探险不同，"是的"探险的目的是对我通常会说"不"的事情说"是"，而说"不"的目的则是确保我不再做那些不能带给我快乐的事。每当我对不想做的事情说"不"时，我就会对自己想做的事说"是"。

O 代表机会

目标　读懂信号，对机会保持开放。

反思

人生清单就是为我想要的人生设定目标。但同样重要的是，当机会来临时，要对它们持开放态度，并随时准备抓住它们。这一点与"是的"探险密切相关，当看到机会来临时，我会准备好跳上去。

目标类型

当下目标

篇章　成长，探险，　　　　**截止日期**　正在进行
　　　　生活方式与环境

阻力

没有

我最看重什么

1. 有趣。
2. 融合一些新的事物。

啦啦队

只有我

重新调整的目标

按照"W 代表神秘"的思路，我积极找寻着那些可能指引我人生方向的信号，

正确的，甚至是不同的。在创建我的第一份人生清单，并有意识地设计我的人生之前，我一直坚持每次只追求一个目标，因此我可能错过了沿途的一些路标。我需要更关注这些迹象的字面含义，它可能会让我发现另一条完全不同的道路。这并不是说，看到彩虹就认为新机会在拐角处。更多的是，我会发现实际的路标、海报或任何形式的书面或口头文字，这些都会引起我的兴趣，我将其描述为"超越巧合的东西"，我会对这些信号进行思考，它们也许会改变一些东西。

迈出一步

1. 做好准备……

庆祝

通过记录在我的人生清单博客中庆祝。

认可成长与吸取教训

我开始收集信号只是为了好玩儿，但现在它已经变成了强迫症，而不仅仅是为了好玩儿。有些信号让我开怀大笑，有些则发人深省，还有些信号就像来自宇宙的信息，偶然出现在我面前，促使我改变策略、抓住机遇，或者因为某些东西已经不再适合我，而选择将其放弃。

以下是一些找到我的信号的例子：

- 慢慢来

- 每天只看到一次日落

- 克制住从最大的滑梯开始的冲动，从小处着手，逐步适应

- 如果发生海啸，请爬到塔顶

- 请不要投喂松鼠

- 高潮结束点

- 控制好自己

- 提醒自己：对那些不重要的事情放手
- 滑行风险自负
- 请稍后，救援正在进行中
- 瘦子更容易被绑架，为了安全，吃个汉堡吧
- 拥抱神秘的未知
- 如果你的孩子很紧张，你自己要先从滑梯上滑下来，这样就可以在底部等他们
- 保持联系
- 有时，看起来不太成功的事情，其实对你来说很成功
- 如果无法战胜恐惧，那就带着恐惧开干吧
- 令人不安的繁华

表达感恩

1. 很庆幸我能接纳自己的古怪。
2. 很感激自己有足够的能力去寻找信号。

O 代表歌剧

去维也纳听歌剧,坐在精美的包厢里。

P 代表实践

目标　承诺每天进行自我提升实践。

反思

对我来说,重要的是要有自知之明,不断磨炼自己的技能,挤出时间来改进需要成长的方面或行为。

目标类型

小目标

篇章　健康与幸福,成长,　　**截止日期**　进行中
　　　　生活方式与环境

阻力

它不像我的其他目标那样具有诱惑力或令人兴奋。它更像是一件苦差事,给人的感觉是"我需要这样做"而不是"我想这样做"(这可能是一个很好的信号,表明它的确需要做)。

我最看重什么

1. 好奇
2. 成长
3. 自知之明

啦啦队

只有我

重新调整的目标

积极进行自我觉察实践,锻炼自己的优势,拓宽成长领域。

除继续聚焦于我现有的强项,使之更加强大外,我还确定了5个关键的成长领域,每天都会重点关注。

这5个领域分别代表擅长且可以做得更好、擅长但不够持续、不擅长但想稳步成长、可重复应用的领域:

- 追求激情
- 感恩
- 积极的自我对话
- 耐心
- 洞察

迈出一步

回到日程表,分批安排时间,妥善规划一切。

庆祝

认可成长与吸取教训

表达感恩

P 代表盆底肌

看在上帝的分上,找到它,并加以改善。

Q 代表有品质的衣服

目标　和我的姐妹们一起创立一个服装品牌。

反思

我发现越来越难找到优质漂亮的衣服，既能让我看起来时尚、别致、迷人，又能让我穿起来感觉舒适。我看到的一切似乎都是快时尚，价格高得离谱；或者是针对 20 岁年轻人的衣服，她们与我身材截然不同。

为什么短款套头衫或其他短款衣服会如此流行？

我那富有创造力的姐妹们也有同样的想法。因为我们彼此欣赏，也想一起合作，于是我们决定开创自己的服装品牌，为什么不呢？

目标类型

大目标

篇章　财富，成长，人际关系，生活方式与环境　　　　**截止日期**　2023 年底

阻力

害怕失败。

我最看重什么

1. 我的家人。我爱姐妹们，她们是我最好的朋友。我喜欢她们的创造力，我很高兴能和她们一起工作，向她们学习。看到我们一起创作，爸爸一定会非常骄傲。当我们还是小女孩时，让爸爸骄傲就一直是我人生的重要动力。
2. 我的事业。我已经做了很长时间的独行侠，很高兴能有机会与姐妹们一起

创业，并为共同目标而奋斗，享受团队创造的与众不同的兴奋和喜悦。说真的，最差又能怎样？如果不成功，至少最后我也能拥有一个定制衣柜，装满了我喜欢、想穿、感觉美妙、舒适和时尚的衣服，这就已经成功了。
3. 我的健康与幸福。与姐妹们一起从事如此有创意的工作，将丰富我的人生。

啦啦队
我的姐妹们和我的爸爸

重新调整的目标
2023 年底，我和姐妹们推出了我们自己的服装品牌——博比男孩（Bobby Boy，以我们优雅的爸爸命名）。我们已经推出了第一个定制衣橱，其中包括许多可以混搭的单品，为那些像我们一样正在寻找类似衣服的女性提供时尚、有吸引力、独特且舒适的服装。我们注重可持续发展、质量和性价比。

迈出一步
1. 注册公司名称。
2. 开设银行账户。
3. 开始规划。

庆祝

认可成长与吸取教训

表达感恩

R 代表定居巴厘岛

目标　我希望在巴厘岛生活和工作。

反思

作为一名想成为数字游民的人,我在 2017 年制订了一个五年计划,到 2022 年,我将在巴厘岛生活和工作(至少几个月)。

我是这样想的,到 2022 年,孩子们都成年了,他们都将完成高中学业。我计划在 2022 年墨尔本寒冷的 3~6 个月里,在巴厘岛工作。

我的计划非常完美。但是,后来丹生病了,新冠肺炎疫情肆虐全球。

目标类型

大目标

篇章　健康与幸福,探险,成长,　　　　**截止日期**　2023 年 1 月
　　　　生活方式与环境

阻力

1. 害怕与我的孩子们分离。
2. 害怕失去客户,当我在巴厘岛时,我的客户愿意接受全程在线服务吗?
3. 缺乏在巴厘岛长期居留的法律权利。

我最看重什么

1. 我的孩子们。巴厘岛很近,我的孩子们可以来玩。他们喜欢巴厘岛,肯定愿意来免费度假。
2. 我的事业。疫情大流行期间的意外收获是,疫情让我的客户逐渐接受了在

线服务。过去几年里，面对面服务几乎成了奢望（至少在墨尔本是这样，墨尔本是世界上隔离措施最严格的地区之一）。随着局势逐渐缓解，线上互动迅速成了新常态，无须多言。作为演讲者，疫情期间，我通过互联网完成了众多演讲和研讨会，而这在疫情前几乎都是面对面进行的。作为顾问，线上工作变得轻松自如，还为我吸引了更多海外客户。而作为作家，我本就可以在全球任何一个角落创作。

3. 令人兴奋的是，印度尼西亚政府正在推出一种新的"数字游民"签证，只要自由职业者的收入来自印度尼西亚境外的公司，他们就可以在巴厘岛居住长达 5 年而无须纳税。与此同时，印度尼西亚政府还宣布将允许远程工作者在巴厘岛居住长达 6 个月并从事在线工作。

4. 我的健康和幸福。巴厘岛是名副其实的世界健康和幸福之都。

啦啦队

我的客户，我的家人，我自己

重新调整的目标

现在是 2023 年 7 月，我将在巴厘岛生活和工作 8 周。我找到了一个漂亮的住处，附近有一个瑜伽和冥想工作室，这让我认识了一些新朋友。吃着新鲜健康的食物，沉浸在当地文化中，我还每天骑着摩托车出去探险。我感觉神清气爽，一直在创作鼓舞人心的内容。我有固定的客户，在巴厘岛的生活和工作吸引了越来越多志同道合的女性与我合作，因为她们想学习创造我曾为自己创造的一切。住在巴厘岛的其他伙伴、创业家和数字游民也向我伸出橄榄枝，希望与我合作。我的孩子们也将来看我。

我终于学会了冲浪！ 我热爱我的生活！

迈出一步

1. 在我的日历中，预留出 2023 年 7 月和 8 月。
2. 开始向巴厘岛的联系人发出探询，公开我的意向！
3. 在日历中批量安排时间，研究住宿等信息。

庆祝

认可成长与吸取教训

表达感恩

R 代表休息和补充能量

一旦需要就及时休息和补充能量，而不是作为给自己的礼物。

R 代表释放

放下那些不支持我余生的生活方式的想法、事物、财产和人。

R 代表风险

为了精彩的人生，你有时需要冒些风险。

R 代表反思

花时间思考下一步要做什么、成为什么、奉献什么。

R 代表延长

并非所有旧的东西都需要丢弃。

S 代表每天游泳

目标　全年保持每天都游泳。

反思

冬天，从礁石上跳入海中真的很难。从礁石上往下跳、全身浸入水中的一瞬间，我的大脑一片混乱，嘴里不停地骂着脏话。

换一种方式，我们选择从海滩入海，体验到的是千刀万剐的"缓慢死亡方式"。冰冷的海水慢慢地从我们的脚趾到脚踝，再到小腿、膝盖、大腿、臀部、腰部和胸部。我们在水中尖叫着、咒骂着、大喊着。臀部是最糟糕的部分，或许手也是。

然后，我们蛙泳游到第一根杆子，喘着粗气，努力挺过冰冷带来的痛苦，然后绕着杆子游回来。有些时候，冬季还会刮北风，这意味着在游回岸边的过程中，小浪花会一直拍打着我们的脸，我们称这些小浪花为"拍打浪"："哦，不，今天又遇到该死的拍打浪了……"

当我们游回到岩壁时，身体已经麻木，但兴奋的感觉占据了上风。游到最后两分钟，我们的兴奋达到了顶点。

我们从水里跑出来时，身体是红的，四肢是白的。

我们三姐妹的声音非常大。在尖叫、咒骂和笑声中，这帮"女校"的姑娘们又下水了。

到了夏天，情况就大不一样了。我们从礁石上跳入水中，游向第二根杆子。我们抱怨着那些在我们的胳膊、大腿和身体上留下的红肿刺痛。有一天，我的臀部被蜇了一下，接下来的三个小时里，我持续感受到电击一般的疼痛。随着水温的升高，我们待在水里的时间也会变长。但令人惊讶的是，夏天游泳时我们却渴望着冬天的到来，迫不及待地希望温度降到让我们喘不过气来的地步，只有最坚强的游泳者能坚持到底。我觉得我们有点疯狂。

目标类型
大目标

篇章 健康与幸福，探险，生活方式与环境

截止日期 2021年12月26日（这曾是我的第一份人生清单的目标）

阻力
1. 我不喜欢寒冷或潮湿。
2. 我不喜欢沙子。
3. 我不喜欢海藻。
4. 我不想每天早起，尤其是周末。
5. 我真的不喜欢寒冷。

我最看重什么
1. 我的姐妹们：起初，她们游泳不带我，我想加入她们。那种被朋友忽视的恐惧又一次袭来。
2. 我的事业：就像许多目标一样，这将为我提供丰富且多层次的内容素材。
3. 我的健康和幸福：关于冷水游泳的好处，研究结果明确显示，大脑产生的内啡肽会让游泳者感到快乐，可以长期改善情绪和减少对日常压力的反应，产生良好的棕色脂肪，促进有氧运动和力量锻炼，减少炎症和疼痛，等等，听起来就像一颗让人迅速恢复健康的药丸。

啦啦队
和姐妹们一起游泳，我们就是一支现成的啦啦队。如果某天我们中的一个或

两个懒得动，总会有第三个人说，"来吧！让我们行动起来！"我们就这样又动起来了。对我来说，没有什么比这个目标更能体现啦啦队的力量了。这个目标要求我在整整一年里日复一日地坚持，如果没有姐妹们在我身边，我不可能做到。

重新调整的目标

今天是 2022 年圣诞节，从 2021 年 12 月 26 日开始，我已经游了整整一年。无论刮风下雨，还是烈日炎炎，每天早上我都和姐妹们一起游泳，而且不穿潜水衣。

迈出一步

1. 设定意向。
2. 选定日期。
3. 买新泳衣。
4. 游泳。
5. 再游一次。

庆祝

每次游泳都是和姐妹们一起的欢乐时刻。

认可成长与吸取教训

在这年的 365 天中，我游了大约 330 天。冬季我穿了大约三周潜水衣，慢慢适应后，坚持下去，我最终放弃了潜水衣。大多数日子我都在上午游泳，但有时也下午游。在夏天，我经常一天游两三次。（作为延伸目标，我想游遍世界五大洋。到目前为止，我已经游过太平洋、印度洋和大西洋。剩下的就是北冰洋和南冰洋两个最寒冷的大洋。）

游泳带来的兴奋是真实的。在我们三个女性中，每天至少有一个人会感到被生活中遭遇的种种事情压垮。但每天，冷水带来的震撼和游泳的快乐都能完全消除我们的沮丧。大多数早晨，我们都会因为某人做的事或说的话而尖叫大笑，甚至有些歇斯底里。这种感觉令人振奋。

1. 游泳重新激活了我的大脑。
2. 我仍然不喜欢寒冷，但我已经适应了，不仅是在游泳的时候。
3. 我从不认为自己是个早起之人，但现在我每天早晨6点半左右就会醒来，这在一定程度上要归功于有规律的晨泳。
4. 通过游泳发现，我是一个非常有毅力的女人，只要下定决心，任何事我都能做到。无论刮风下雨或下冰雹，我都会去做。这种坚韧不拔的精神非常有力量。
5. 在冬天，我的身体需要大约5分钟才能完全麻木，然后才能正常呼吸，而8分钟后，我才能享受浸泡在冰水中的感觉。
6. 每天能和姐妹们一起游泳，是我生命中最大的快乐，在一起欢笑让我和她们的关系更加亲密。

表达感恩

1. 感谢丽莎和艾玛。
2. 庆幸我住在离海滩这么近的地方。
3. 感谢每天碰到的其他游泳爱好者，他们每天的问候都让我感受到正能量和激励。
4. 感谢爸爸，每天早上我们从他家（海滩对面）出发时，他都会对我们说"再见，疯狂的姑娘们"，然后在游泳结束时，为我们准备好热水瓶和茶杯。
5. 感谢我的健康。

6. 感谢水母季节终于结束。
7. 也感谢疫情,带给我们封闭期间每天游泳的额外动力。
8. 感谢我的意志力和决心。
9. 很庆幸自己找到了一项有益于身心健康的活动。

S 代表停止

停止在不必要的东西上花钱。

停止关心谁负责倒垃圾。

停止把宝贵时间浪费在错误的事上。

停止把宝贵时间浪费在错误的人上。

停止计较小事。

停止为一些大事烦恼。

停止为选择外卖而不是自己做饭感到内疚。

停止原地踏步。

停止沾沾自喜。

停止过次等生活,开启最佳人生。

S 代表说脏话

因为我爱说脏话。

S 代表延伸

这一切完全在我的能力范围内,我只需要延伸一下。

S 代表很棒的性体验

非常棒。

T 代表像数字游民一样旅行

目标 我想在澳大利亚以外的国家旅行、生活和工作。

反思

这一点对我非常重要。我喜欢旅行、探险和体验其他国家的文化，我把在海外生活和工作当作对我个人和事业的终极挑战。

目标类型

大目标

篇章 健康与幸福，探险，成长，奉献，生活方式与环境　　**截止日期** 2023 年 7 月、今后每年

阻力

1. 害怕无知。
2. 害怕孤独的感受。
3. 害怕失去客户。
4. 害怕与孩子们分离。

我最看重什么

1. 我的事业：海外生活和工作会让我的业务接触到新客户、新产品和大量新内容。
2. 我的健康与幸福：我想追随阳光，不喜欢寒冷，也不想再过一个墨尔本的冬天。旅行和体验其他文化，会让我的心灵更加美好。
3. 我的成长：我想真正把自己逼出舒适区，生命只有一次，我希望它精彩纷呈。

4. 我的孩子们：非常欢迎他们来看我。

啦啦队

我向全世界发布了这个想法，令人惊讶的是，有那么多人就此联系我，或与我分享有关各国采用数字游民签证的文章和最新消息。真的喜欢！

重新调整的目标

拥抱我的内在游牧精神，每年花 3~6 个月，在世界上我想要居住的任何地方生活和工作。我已经让我的客户习惯了远程合作，这非常有效，甚至比我希望的还要好。我吸引了很多志同道合的数字游民，他们都想学习如何设计和实施他们自己的人生清单。我定期撰写我的经验，分享我的心得，帮助其他数字游民和想成为数字游民的人做同样的事情。我至少被一家新内容创作公司（也许是电视台！）聘为观点专栏作家。我融入了居住地的文化，积极为我居住的社区做贡献，全身心投入结交新朋友。我寻求参与当地的活动，包括社区参与、环境或与减少碳排放相关的项目。任何事情我都愿意尝试（蹦极除外，这永远不会发生，永远不会），我的"数字游民"清单上的地方包括：

- 2023：巴厘岛，参见"R 代表定居巴厘岛"。
- 2024：意大利，参见"I 代表沉醉在意大利"。
- 2025：纽约，为什么不呢？
- 2026：它可以是我想去的任何地方，因为我的人生我做主，我可以在世界任何地方生活和工作。

迈出一步

庆祝

认可成长与吸取教训

表达感恩

T 代表文身

去文身吧,宝贝!惊艳,有象征意义,强大。

T 代表韧性

没有什么比做一个富有、身材娇小、不在乎他人看法的女性更有力量了。

T 代表机智

我想变得更机智。

T 代表开拓者

我要开辟自己的道路!

T 代表 TED 演讲

我正在挑战自己,尝试一次 TED 演讲。

U 代表解锁新经历

目标　经历胜过拥有。

反思

我已经不打算在圣诞节和生日时送孩子们礼物了。他们的东西已经够多了，送他们更多的东西，只会让家里、地板上、车厢里、餐桌上的东西更多。

我要送的是经历，而不是实物。利用孩子们与生俱来的好胜心，似乎是一个好的开始。

孩子们好胜心极强。从沃利会爬行开始，他就试图跟上弗雷迪。后来，佩吉出生了，她在仅10个月大时，就自己学会了走路，只因不想错过任何事情。他们小时候会比赛谁跑得最快、爬得最高、踢得最远、搬运得最多、憋气时间最长、吃得最快、跳得最高、骨折得最多（沃利赢了）、缝合针数最多（在一个难忘的日子里，弗雷迪和佩吉因完全不同的事故分别去医院缝针）。

如今，比的更多的是看谁最聪明、工作最多或最少、挣钱最多或最少、最强壮、最能喝酒、睡觉最晚、最能狂欢、最高，竞争永无止境。

但是，这种超级竞争为我创造了一个绝佳的送经历（而非实物）的平台，孩子们可以在这个平台上一决高下。

当然，我也会送一些非竞争性的东西。

目标类型

小目标

篇章　生活方式与环境，奉献　　　**截止日期**　立刻

阻力

孩子们可能会追求实物,那就糟糕了。

我最看重什么

1. 我的孩子们,以及与他们一起度过的欢乐时光和创造的美好回忆。
2. 不积累更多的垃圾。

啦啦队

我的孩子们

重新调整的目标

为了与我的清理热情(见"D代表清理杂物")和减排目标(见"Z代表零碳足迹")保持一致,我将送给我爱的人经历而不是实物。

迈出一步

研究那些很酷的经历。

庆祝

经历本身就是一种庆祝。

认可成长与吸取教训

1. 两年前的圣诞节,我送给孩子们、儿子的女朋友、我自己和爸爸的礼物是卡丁车礼品卡。卡丁车比赛非常激烈。我几乎可以预测我是最后一名,事实的确如此,而且爸爸在比赛开始前就退出了,因为客观地说,看起来真的挺吓人的。孩子们表现得凶猛无比,儿子的女朋友们也丝毫不逊色。我们都非常喜欢这次体验。一起做一件如此有趣的事情,真是太棒了。我们都带着兴奋的心情离开,创造了一个美好的回忆。

2. 2022年圣诞节，我送给大家的礼物是彩弹射击体验，特别搞笑。

3. 沃利21岁生日时，我带他去看了安德烈·波切利的演唱会。沃利一直很喜欢歌剧，他10岁那年在洗澡时唱歌剧，因为一个音符持续太久而晕倒。天知道他当时在想什么，但我很确定的是，他的晕倒是因为和他哥哥比赛，看看谁能持续唱一个音符最长时间。我们打扮得非常正式（想象一下歌剧中的"风月俏佳人"的场景）。我很享受和沃利一起拥有那次经历，又是一个值得珍藏的回忆。

4. 佩吉19岁生日时，我带她去拜伦湾体验嬉皮士风格的生活。我们游泳、看日落，我为她的生日晚餐选了一家漂亮的餐厅，她还住进了最好的卧室。完美。

5. 我希望回顾人生时，每年能记住的是经历而非实物。积累体验比积累东西要充实得多。

表达感恩

1. 感谢我的孩子和家人。

2. 感谢我的孩子们愿意和我一起玩，一起做有趣的事。

3. 感谢自己创造了这样的人生，投入时间学习如何拥有更多的时间，从而能够让我参与这些体验。

4. 庆幸我有这样的视角，让我能够优先考虑与家人在一起的经历。

5. 庆幸我拥有健康的身体。

6. 感谢我的美好生活。

U 代表关掉电源

多进行徒步旅行,让我直接体验到了关掉电源、让自己完全失联的简单乐趣。我会更多地做这些事情。即使我不处于徒步旅行和无信号区域,我也会定期主动地让自己处于失联状态。

U 代表无所畏惧

势不可当、独一无二、无限可能、不可否认、无与伦比、坚定不移,我对自己的余生感到无比兴奋!

V 代表珍视我最看重的事

目标　将人生中最看重的事放在首位。

反思
过去几年我逐渐意识到，价值观（生活行为准则）和我最看重的事（我最想投入时间的人和经历）之间有很大不同。对我来说，重要的是既重视我的价值观，也重视我最看重的事。

目标类型
小目标

篇章　健康与幸福，财富，探险，成长，　**截止日期**　进行中
　　　　人际关系，生活方式与环境

阻力
无

我最看重什么
1. 我最看重的三件事：家庭、事业、健康与幸福。
2. 把大部分时间花在与我最珍视的人在一起，以及我最重视的经历上。

啦啦队
只有我自己

重新调整的目标
我会围绕我最珍视的事去设计和打造我的人生。我会：

- 每时每刻都爱我的孩子们。
- 每天都去看爸爸。
- 花时间与姐妹们在一起。
- 聆听自己的心声。
- 时间弥足珍贵,杜绝浪费。
- 专心工作,尽情享乐。
- 以我那群了不起的女性朋友为荣。
- 为自己喝彩。
- 坚守底线。
- 奉献,但不至于让自己一无所有。
- 认识到,我无法控制别人的行为,但我可以控制自己的反应。
- 每天告诉孩子们我爱他们,即使在他们惹我生气的时候。
- 一有机会就拥抱和亲吻我的孩子们。
- 认识到我的价值,我很宝贵,无须向任何人证明我的价值。
- 停止妥协。
- 保证睡眠充足。
- 帮助他人设计并活出他们最好的人生。
- 总是对我爱的人说,我爱你。
- 永远不要带着气上床睡觉。
- 做我自己。

迈出一步

1. 主动在日程表中安排我最看重的事。
2. 对不符合我最看重的事说"不"。

庆祝

把握当下,绽放人生。

认可成长与吸取教训

1. 我确信自己有力量和智慧,并足够自律,能把最看重的事放在首位。
2. 自律是关键,我需要不断提醒自己坚持到底。
3. 说"不",没什么大不了。

表达感恩

1. 感谢自己拥有力量、智慧和自律,能够优先考虑最看重的事。
2. 庆幸我投入时间为自己做了对的选择。

V 代表变通

我的人生清单并非一成不变,它将随着我自己和周遭环境的变化而变化,但它永远是我生活的一部分,我将不断为自己设计理想的人生。

V 代表示弱

愿意更多地示弱,不害怕让他人走进我的内心世界。

W 代表通灵

目标　我将拥抱更多的通灵体验。

反思

8岁那年，妈妈告诉我们，她是个女巫。

当时我们住在英国，对于一位现代女巫来说，这里是探究巫术历史的理想之地。有一天，当我们参观一栋具有历史意义的建筑时，妈妈在进入厨房旁边的管家茶水间时吓了一跳。她说她听到了哭声。"你们听到哭声了吗？"她问道，"你们能感觉到这里有多冷吗？"此时此刻，我敢肯定，参观团里的每个人都会突然感到寒冷，因为妈妈把我们吓坏了。

导游恭敬地看着妈妈（我们其他人都退到了一边），并告诉我们，过去几个世纪以来，有人曾在这栋建筑里看到过幽灵。据导游说，几百年前，曾经有一个小女孩由于受罚而被锁在橱柜里，因为被遗忘而去世，所以人们可以听到小孩的哭声。

见鬼，这太恐怖了，谢谢妈妈。

我不太信上帝，直到最近，我也没有特别通灵。

我精神上的重大转变发生在婚姻破裂之后。我感到恐惧和愤怒，我害怕不得不放弃我的小生意，重新回到职场，这样才能养活自己。我爱我的小生意，但业务规模的确太小，赚的钱远远不够维持生计。前夫称我的小生意为业余爱好，建议我重新找一份真正的工作。

我清楚记得那一天，我开车回家，把车窗全开着，虽然寒风凛冽，但我感觉需要它以某种方式穿过车厢，吹进我的大脑，吹散盘旋在我脑海中的杂念。

"上帝啊"，我冲着窗外大声呼喊，"我知道我从未真正相信过你，但请帮帮我，我不想找工作，我希望我的生意能成功，我想帮助尽可能多的人，我现在需要你的帮助。请帮帮我，拜托了，只要给我一点点希望就行。"

上帝真的这么做了。

两天后，我收到了一封来自新客户的邮件，事关一个新的项目。一个大客户，一个大项目。我获得了一个机会，抓住它并付诸行动。我将我自己、我的悲伤和哀痛全部投入项目中。我的生意也随之蓬勃发展起来。

我真诚地遵守着帮助尽可能多的人的承诺。首先是因为我热爱我的工作，其次是因为我与上帝达成了协议，上帝兑现了承诺，我也要兑现我的承诺。

目标类型
大目标

篇章 健康与幸福，探险，成长，　　**截止日期** 现在
　　　　生活方式与环境

阻力
主要是对未知的恐惧。我一直想去看一次通灵师的通灵，但如果她看到的是可怕的或者无聊的东西，又或者她根本什么都没看到呢？

我最看重什么
好奇心、学习、增长知识、开放地对待成长。

啦啦队
无论是谁，只要他们足够疯狂，愿意加入这次旅程。
妈妈在这一点上会大力支持我。

重新调整的目标
我对作为能量之源的宇宙充满好奇，并将以多种方式积极探索。我会阅读相关

书籍，设定新的目标，寻求新的体验，比如去看看通灵师，尝试声音疗法，关注更全面的健康与幸福理念，不在尝试之前就对我认为不寻常的事避而不谈。

迈出一步

1. 想想我想探索什么。
2. 研究机会。
3. 跳进去试试。

庆祝

这很有趣，好好享受，用更多的行动作为庆祝方式。

认可成长与吸取教训

1. 声音治疗师

我承认，对此我很疑惑。

过去，我在冥想方面一直很失败，从来都无法让忙碌的大脑安静下来。深呼吸两分钟，我的大脑就会进入行动清单、待办事项、过去的错误、当前的问题、未来的计划等事项中，冥想对我来说没有任何作用。如果有，就是浪费时间。这让人很沮丧。对我来说，不可能安安静静地坐着，我非常缺乏耐心。

但是，在菲茨罗伊一条看起来很邋遢的小巷里，在一个特别嘈杂的台球厅下面的瑜伽室里，在正常睡觉时间后，我在黑暗中躺在垫子上，身上盖着一条毯子，听着治疗师介绍我们即将开始的旅程。他解释说，我们的身体有振动频率，这些频率会受到声音的影响，并能被声音平衡。他要求大家在疗愈过程中设定自己的意向，放松并享受。你们中有些人会感受到深层次的疗愈，而另一些人则只是放松，大家可以根据自己的个人体验顺其自然。

我设定了我的意向，包括对这种体验秉持的开放态度，最理想的情况是，连接某种更强大的力量，它会告诉我所有问题的答案，解决我所有的问题，给我带来持续的内心快乐,永远。

这是个很宏大的要求,但我现在处于"要么大干一场,要么回去睡觉"的状态中。

从我闭上眼睛,治疗师敲响第一个藏钵的那一刻起,我就感觉身体放松了,更重要的是,我的心灵也放松了。他用一种美妙深沉的共鸣声歌唱和吟诵着,简直让我浑身酥麻。他敲响的钵声,让我的身体先紧张后放松,随着紧张感的消失,我感受到了释放。其中一个阶段,他把一个振动的钵放在我的肚子上,这让我的脑海完全进入了另一个地方,我产生了幻觉,真不是在开玩笑。我看到自己在海滩上与一个男人跳舞,虽然无法看清细节,但当他用双臂环绕着我时,我感到了深深的平静和安全。

爱死这种疗愈了,我还会再来一次。

2. 通灵师

我是在一次健康博览会上认识她的。当时有很多通灵师可选,但我最喜欢她的面容。我付了70美元,享受了20分钟的服务,并询问是否可以录音,这样我就不会错过任何内容。那段录音我听了很多遍。

我设定了意向,然后我们就出发了。

不管你是否相信这种东西,我和通灵师的谈话对我的灵魂非常有益。它让我振奋、愉悦,它触及心灵,让我对未来充满了乐观。我走的时候感觉自己充满了力量,注意力高度集中。

我不确定她所看到的或从牌卡中读出的内容是否会按照她所说的方式发展,但也许这并不重要。她讲述了一个引人入胜的故事,每张牌似乎都在为下一张牌做铺垫,带给我很积极和强大的心理,让我觉得通过纯粹的意志力,我就能让这一切成为现实。

也许这就是我所需要的一切。

3. 灵异探索很有趣。我会探索更多。

表达感恩

1. 很庆幸自己拥有一颗开放而好奇的心。
2. 感谢那些分享他们对能量、宇宙和灵性想法的智者,我从他们身上学到了很多。
3. 感谢我的母亲是一位女巫。

W 代表遨游四海

在我的人生清单上，未来几年最想去的目的地是：

- 秘鲁
- 摩洛哥
- 墨西哥
- 巴厘岛
- 意大利
- 土耳其
- 克罗地亚
- 非洲
- 丹麦
- 尼泊尔
- 印度
- 美国
- 北极
- 格陵兰岛
- 澳大利亚的更多地方

W 代表狂野

我们都需要时不时地桀骜不驯一下。

X 代表戒酒

目标　我将戒酒。

反思

丹离开后的很多夜晚，我会喝一杯葡萄酒安慰自己，很快就养成了每晚喝一杯的习惯，然后是几杯，再然后，不费吹灰之力，我就养成了每晚喝半瓶酒的习惯。这不是社交饮酒，这是反社交饮酒。这是一种"独自放纵，你值得拥有"的饮酒方式。

到后来，我意识到，这原本是对自己一天工作的奖励，现在却变成了需要，盼着时钟指向下午 5 点，我就可以喝上一杯。我不喜欢这种依赖的感觉。

我不喜欢它对我的睡眠、皮肤和自我价值造成的影响。实际上，这让我觉得自己很糟糕。每天早上醒来，我都会充满自责，发誓晚上一定不再喝了……但到了下午 3 点左右，我就会完全改变想法，为自己辩解，认为自己终究还是应该喝一杯，就一杯。

第二天早上，我的自言自语非常可怕。

就这样浑浑噩噩地过了大约 18 个月，我决定戒酒，而且一戒就是 6 个月。要改掉这个习惯非常艰难，但好处显而易见。我睡得像在做梦一样，醒来时毫无负罪感，自我感觉好多了。

事实上，我感觉的确好多了，以至于我决定再次允许自己在周末喝一两杯酒，但只在周末。这种做法在某种程度上是有效的，但我的睡眠质量又变得很糟糕，胃也不舒服，焦虑加剧，噩梦不断，一觉醒来又感到内疚，一切又重演了。

目标类型

小目标

篇章　健康与幸福，成长，　　　　**截止日期**　9月
　　　　生活方式与环境

阻力

几乎没有，除了有时在下午 5 点（幸好不总是这样）会听到一个声音，提醒我也许可以喝一杯。

我最看重什么

1. 感觉能控制自己的意志。
2. 自我感觉良好。
3. 我的身心健康。
4. 我的睡眠质量。
5. 我的自我价值。

啦啦队

我的姐妹们

重新调整的目标

不再喝酒了。

迈出一步

1. 设定我的意向。
2. 重新安排日程，确保在"酒点"时锻炼身体。
3. 创造一个新的夜间仪式：洗热水澡和阅读。

4. 泡一杯喜欢的茶。
5. 保持下去。
6. 下定决心。

庆祝

每天早上醒来,我都感觉很好!

认可成长与吸取教训

1. 不再喜欢饮酒。它不会让我感觉良好,相反,只能让我感觉很糟。
2. 不喜欢酒精的味道。
3. 不喜欢喝酒给我带来的感觉,尤其是负罪感。
4. 喜欢不受干扰的睡眠。
5. 喜欢每天早上不因前晚屈服于几杯葡萄酒而感到内疚。

表达感恩

1. 感激自己在日常选择中排除了酒精:完全不喝酒比有时喝酒要容易得多,因为我只需要做一次"我不喝酒"的决定,而不是每晚都要纠结要不要喝一杯。
2. 庆幸又能睡个好觉。
3. 感谢消除了很多负面的自言自语的根源。
4. 感恩拥有健康的身体,并且专注于做最好的自己。
5. 感恩从床上爬起来时,感觉休息得很好,没有负罪感。

X 代表很多的吻

没有什么比一个热气腾腾的吻更美妙的了。

X 代表全速前进

我完全支持，遇到任何困难都需要全力以赴。

Y 代表"是的"探险

目标　一整月都说"是"。

反思

这是我和某位男士的第二次约会,我们总共只约会了三次。我们说好去散步,见个面散散步,这对大多数人来说都是很简单的事情,对我却不是,我需要规划一下。

约会前一周,我给对方发了条短信,内容大致是:我们可以从布莱顿海滩步行到圣基尔达海滩,大约 7 公里。我们可以在海滩的一端碰头,停放一辆车,然后开另一辆车到另一端停下,然后走回起点,取回第一辆车,再开回去接第二辆车。

天呢,难怪我们只约会了三次,真是可怜了那个家伙。

诚然我是个计划和组织者,也是个时间管理和效率专家,但说真的,有时候我也需要顺其自然地放松下来。

因此,我在人生清单中加入了一些随性的需求。并不是所有事情都必须计划得严丝合缝。

我知道这个目标对我而言非常困难,远远超出了我的舒适区,必须与朋友们和啦啦队分享并得到监督。所以,将"指定啦啦队"纳入"把握当下"框架是完全有道理的,因为当你与啦啦队分享目标时,你会对自己负责,让本来属于内部的截止日期具有了外部性,这个策略将大大增加你达成目标的概率。

我把某月定为开始自发说"是"的月份,整整一个月(我意识到,计划何时开始表现得随性很有讽刺感,但我了解自己,我仍然需要对不可控的事物保持一定程度的控制),我与最要好的一个朋友分享了我的新思路。

这位了不起的女士就像一阵旋风，展示了生命的力量。她的座右铭是：尝试任何事情，至少一个小时。还有谁比她更能让我对目标负责？还有谁比她更适合做我的首席啦啦队长？

在"是的"探险的执行中，我只有一条规则：任何人邀请我做任何事，我必须答应，没有任何借口。

目标类型
当下目标

篇章 探险，成长　　　　**截止日期** 8 月

阻力
1. 害怕失控。
2. 害怕把自己置于舒适区外。
3. 缺乏活力。

我最看重什么
1. 让事情稍微有点变化。
2. 突破自己的舒适区（这也是我的大目标规则之一，加油，凯特！）。
3. 体验新事物，不能总是按老模式设置日程，要对那些通常不会考虑的机会秉持真正开放的态度。
4. 过最佳人生。

啦啦队
事实证明，这个目标的分享至关重要。我需要告诉那些我认识的人，他们才会邀请我，去做很多我一辈子都不会考虑做的事。

重新调整的目标

现在是 8 月,我已经下定决心,要在整个 8 月对每一个机会说"是"而非"不"。

迈出一步

1. 设定意向。
2. 向可爱的伙伴们和我的孩子们宣布目标。
3. 说"是"。

庆祝

祝贺我真的做到了。我不仅很喜欢这个过程,还从中学到了很多。庆祝在水上乐园的伟大时光。庆祝我终于扛到了 9 月,我又可以说"不"了,但可能比以前会少很多。

认可成长与吸取教训

1. 只要说"是",就会做更多这样的事,我也会拥有更多"是的"探险月,在这些月份里,我都必须说"是"。
2. 当你自发地随心而为时,生活会变得非常棒。
3. 如果你负担不起旅行保险,那你更负担不起旅行。
4. 虽然第一次"是的"探险的所有活动都符合我的目标四准则中的三条(具备挑战性、突破舒适区和新生事物),但如果不是因为"是的"探险,我根本不会考虑参加其中的大多数活动。结果证明,每一个活动都精彩无比,所以不知不觉中,也出人意料地符合了目标准则中的另外一条(辉煌)。
5. 对"是的"探险的热情,让我更有感染力和成就感,更容易对过去拒绝的事情说"是"了,这对我来说是一个很大的转变。

我的一些"是的"探险经历:

1. 30米高空坠落

一个都不能少。

"是的"探险从巴厘岛开始。事后看来,这在时间安排上并不明智。孩子们(虽然都已长大成人,但童心未泯)想在水上乐园玩一天,我答应了,并保证会和他们一起玩遍所有的游乐项目。毕竟,我正在进行"是的"探险。

知道孩子们喜欢刺激,其实我也喜欢,尤其是坐过山车和那些被又大又宽的安全带紧紧绑在金属杆上的游乐项目。但是,水上乐园没有安全带。

孩子们从来不会从小难度开始,然后慢慢增加难度。我们的第一次滑行就从30米高处开始。爬上高处后,我们经过一块写着"滑行风险自负"的牌子,还有另一块藏在不太显眼的地方,礼貌地写着"请稍后,救援进行中"。我惊讶地发现,在滑梯顶部根本没有人排队。后来我才意识到,这是因为我们是整个游乐园里唯一准备一试的疯子。

透明的玻璃门打开后,我把眼镜交给工作人员保管,然后走进了一个只能被形容为垂直棺材的滑道,它位于一个通向地面的30米深的管道之上。"棺材"门关上时,我真的吓得要命。

孩子们喊着我的名字,水顺着我的背流了下来,乘务员像疯子一样笑着。"棺材"里响起令人毛骨悚然的计数声:'5、4、3、2、1',然后地板就见鬼般地突然消失了。

我像一块巨石般落下,大声尖叫着,直到4个小时后离开水上乐园才停止。

孩子们觉得我简直是个传奇,我却感觉自己的寿命缩短了5年。

天哪,谁想出"是的"探险这个主意的?

2. 速配约会之夜

我的闺蜜知道了我的新哲学,也知道我正在进行"是的"探险,于是约我一起去参加速配约会。我简直想吐,这远远超出了我的舒适区。

但我必须答应。

随着约会之夜临近，我越来越焦虑，给她发了很多呕吐的表情符号，但我知道，她和我都不会允许我退出，规则就是规则。更多关于我的速配约会经历，请参阅第三章第二节：积蓄动能。

我还会再参加吗？我想这辈子都不会了。

3. 对丛林中的男人随机说了句"是的"

我们当时在巴厘岛，佩吉很想去探索乌布小镇周围的一些著名瀑布。经过一番简单的研究，我们选择了两个著名而壮观的瀑布：关东兰浦瀑布和蒂布马纳瀑布，随后我们在谷歌地图进行了一番搜索，看看骑摩托车去那里是不是个疯狂的主意（是的，的确如此），或者，是否值得花钱请司机带我们去那里（是的）。关东兰浦瀑布非常棒，是照片墙达人们的梦想，似乎也是巴厘岛所有拥有手机和照片墙账户的游客们的梦想。幸运的是，我们到得很早，可以独自在湍急的瀑布下享受几分钟。10分钟后，我们就被络绎不绝的热恋情侣包围了。愉快地观察了半个多小时，我们发现，每对情侣在瀑布下亲吻时，女孩都会俏皮地翘起小腿，拍出的照片几乎一模一样。很多情侣都请佩吉当摄影师，说真的，她真应该为自己的时间收费。

后面一站是不太有名的瀑布。当我们到达时，我很高兴地看到空旷的场地（停车场）上没有一对热恋情人，而且这里不收门票。这似乎表明，至少现在这里还不是达人们的天堂。

我们走下了许多台阶才到达河边，沿着指示牌去往瀑布。到达目的地时，只有我们两个人，但一位巴厘岛男子突然从河水中站起来，向我们打招呼，并解释说，作为当地的河道管理员，他的工作就是帮助我们在岩石上安全行走，以免发生危险。这太棒了。

他指导我们脱掉鞋子，抓住拴在旁边岩石上的绳子，这些岩石离那些看起来非常危险的小瀑布很近。我们把自己吊在岩石上，沿着瀑布顶端往上爬，到此为止一切顺利。

他还介绍说，瀑布来自河流上游一个非常有灵性和隐秘的地方。他说，如果我们有时间，作为当地社区成员，他可以带我们沿河而上，只需要 30 分钟，去看看这个大多数游客从未见过的灵性之地。

不瞒你说，我知道他可能在向我们兜售，所以我们婉言谢绝了。另外，我看过很多恐怖电影，知道当没有人知道你在哪里、什么时候回来的情况下，你绝对不能跟着陌生男人去往人迹罕至的丛林。但我又想起自己正在进行"是的"探险，如果撇开个人安全不谈，也不考虑女儿的人身安全，这不正是我应该说"是"的机会吗？

不过，友好的河道管理员并没有进一步催促我们，而是引导我们沿瀑布中间的地方坐着滑下去。当我们在被水流和藻类覆盖的岩石上滑倒，并拼命抓住我们的比基尼时，他愉快且毫无必要地喊着："小心你的裤子！"而当我们位于水流中央，他要走我的手机，帮我们拍了十几张照片，并制作了一段我们在瀑布冲击下欢呼雀跃的慢动作视频。那简直太欢乐了，我这辈子都没笑得这么开心过。信任建立了，欢乐也有了，我们同意和新朋友一起进入丛林，去寻找游客们无法到达的精神圣地。现在，我最想说的就是"是的"了。

接下来的情节绝对会出现在以我为主角的人生电影中，而我将由劳拉·邓恩、瑞茜·威瑟斯彭或朱莉娅·罗伯茨扮演。

当我们沿着丛林小路漫步时，耳边只有鸟儿的鸣叫、微风的低语和藤蔓的移动，满眼都是绿色。导游从背包里拿出一个便携式扬声器，丛林的宁静被尖锐的电子音乐打断，我不得不说，这让气氛变得有些嘈杂。向导意识到我们并不喜欢电子音乐，于是迅速调低音量，宣布我们的心灵之行真正需要的是一首"国际名曲"，然后他把音乐换成了《我心永恒》。

佩吉和我相视而笑，充满了欣喜。

我们拾级而下，来到河边，按照向导的指示，穿上人字拖、拿着长竹竿进入河中。导游告诉我们，这里很滑，而且河里有天坑，还有有毒植物，不熟悉河道的人可能会因掉下去或踩到有毒植物而死。而死人对河流的灵性是不利的。

席琳·迪翁（《我心永恒》演唱者）向我们保证，我们的心会继续前行。漫步在褐色的河流中，两边是密不透风的丛林，真是太美妙了。一开始，河水只有小腿那么深，但随着河水的上涨，我们涉水的深度从膝盖涨到大腿，纱巾在水中漂着。我们绕过水坑，用手杖在湿滑的岩石上保持着平衡。

除了向导和佩吉看到的一条2米长的水蛇从水中游向对岸，几乎全程无打扰。向导泰然自若地从背包里拿出一支自制的长笛，开始为席琳伴奏。我向你保证，这些都不是我编造的。

我们走了足足20分钟，水已经齐腰深了，然后拐了个弯，看到丛林被两面陡峭的崖壁取代，瀑布从崖壁上飞流直下，令人惊叹。当我和佩吉穿过瀑布，涉水绕过另一个被岩壁和垂下的藤蔓包围的弯道时，向导又要了我的手机，为我们抓拍了很多照片。

当然，我们还荡了秋千。

这次体验既壮观又超现实。向导解释说，他非常擅长用手机拍照和录视频，后来我发现他还为我们录制了荡秋千时的慢动作视频，我打算把它编辑好，并配上席琳·迪翁的音乐。

这正是"是的"探险的意义所在。

临别时，向导嘱咐我们，不要透露灵性之河的位置。他希望这条灵河能一直隐藏下去，不要被商业化的大型旅游业毁掉，而只对那些偶然发现并敢于对一个穿着沙龙裙、吹着长笛的人说"是"的幸运儿开放。

表达感恩

1. 非常庆幸开启"是的"探险,因为它让我接触到很多新事物,学到很多关于自己的东西。
2. 感谢那些真正有趣的新经历。
3. 感激我与孩子们建立了这样一种关系,他们愿意与我共度时光。
4. 感谢孩子们认为我很棒。
5. 很庆幸再也不用参加速配约会了,它就像滑雪一样,是我再也不想重复的经历。

Z 代表零碳足迹

目标　更加关注自己对环境的影响。

反思

我过于自满了。徒步走过拉拉平塔线路后,我开始观察并参与到有意识的回收实践中。我们把所有废物带出了那片原始沙漠,这对我的影响很大,我可以而且应该做得更多。

目标类型

现在的小目标,但可能会变成大目标(这个目标在我脑海中挥之不去)。

篇章　生活方式与环境,成长　　　　**截止日期**　立刻

阻力

1. 缺乏专注和优先次序。
2. 没有时间研究各种选择。

我最看重什么

1. 确保我的孩子们和他们的子孙能够过上长久安全、干净、健康的生活。
2. 尽量减少对他人的影响。

啦啦队

我自己

重新调整的目标

更加关注气候问题。

在实际生活中,我每天都会采取措施减少个人对气候的影响:步行往返商店,而不是开车;分类回收,而不是懒惰地将所有垃圾扔进一个垃圾桶;减少购买,尽可能购买二手货;避免购买快时尚产品;少吃肉类;购买本地产品;减少能源消耗。

意识到我的许多人生清单目标都涉及跨国旅行,对于每一次旅行,我都将支持那些有助于减少碳排放、消除碳排放或为弱势社区带来好处的本地或全球项目。我将调研并捐助那些由高影响力组织运营的实证项目,这些组织的运作是透明的,并且在环保方面具有最高的诚信度。

我将向经过第三方验证的组织进行年度订阅。

迈出一步

庆祝

认可成长与吸取教训

表达感恩

Z 代表尽可能多的睡眠

我喜欢睡觉。我会继续把睡眠放在首位,平均每晚睡 9 个小时。

Z 代表对生活的热情

把握当下,活出绽放人生。因为人生苦短,不能不好好活。

致谢

感谢你阅读本书。希望本书能带给你火花,让你拥抱每个当下,产生动能,创造出一个里程碑式的人生。

也希望本书能带给你勇气,无须为"自私"而愧疚,或者至少变得不那么无私,并拥抱由此带来的美好和喜悦。

感谢那些慷慨地投入宝贵时间的杰出女性,感谢分享你们对往后余生的感受,你们太棒了。

感谢露西·雷蒙德、克里斯·肖顿、蕾妮·奥里什、艾莉森·邱和克莱尔·多德尔。感谢出版社,感谢你们与我合作,帮助我传播我的文字。非常感谢你们给予的支持和指导。

感谢我的爸爸鲍勃,我的姐妹丽莎和艾玛,感谢你们的支持、关爱和欢笑。我们是一个紧密的小集体。

最要感谢的是我那勇敢、聪明、坚韧、幽默的孩子们,弗雷迪、沃利和佩吉,不管你们是让我时刻保持警惕,让我乐不可支,让我烦不胜烦,还是分散我的注意力,都让我备受鼓舞。感谢你们让我保持年轻而又让我感受到岁月的流逝。我会越来越爱你们。